중학 수학까지 연결되는  끝내기!

징검다리 교육연구소, 강난영 지음

바쁜 초등학생을 위한 빠른 약수와 배수

3) 6 9
2 3

한 권으로 총정리!

- 최대공약수
- 최소공배수
- 약분과 통분

이지스에듀

지은이 징검다리 교육연구소, 강난영

징검다리 교육연구소는 바쁜 친구들을 위한 빠른 학습법을 연구하는 이지스에듀의 공부 연구소입니다. 아이들이 기계적으로 공부하지 않도록, 두뇌가 활성화되는 과학적 학습 설계가 적용된 책을 만듭니다.

강난영 선생님은 영역별 연산 훈련 교재로, 연산 시장에 새바람을 일으킨 《바쁜 5·6학년을 위한 빠른 연산법》, 《바쁜 중1을 위한 빠른 중학연산》, 《바쁜 초등학생을 위한 구구단》을 기획하고 집필한 저자입니다. 또한 20년이 넘는 기간 동안 디딤돌, 한솔교육, 대교에서 초중등 콘텐츠를 연구, 기획, 개발해 왔습니다.

바빠 연산법 시리즈

바쁜 초등학생을 위한 빠른 약수와 배수

초판 발행 2022년 1월 5일
초판 6쇄 2024년 9월 20일
지은이 징검다리 교육연구소, 강난영
발행인 이지연
펴낸곳 이지스퍼블리싱(주)
출판사 등록번호 제313-2010-123호
주소 서울시 마포구 잔다리로 109 이지스빌딩 5층(우편번호 04003)
대표전화 02-325-1722 팩스 02-326-1723
이지스퍼블리싱 홈페이지 www.easyspub.com 이지스에듀 카페 www.easysedu.co.kr
바빠 아지트 블로그 bolg.naver.com/easyspub 인스타그램 @easys_edu
페이스북 www.facebook.com/easyspub2014 이메일 service@easyspub.co.kr

본부장 조은미 기획 및 책임 편집 김현주 | 박지연, 정지연, 이지혜 교정 교열 방혜영
표지 및 내지 디자인 정우영, 손한나 그림 김학수, 이츠북스 전산편집 이츠북스 인쇄 보광문화사
영업 및 문의 이주동, 김요한(support@easyspub.co.kr) 마케팅 라혜주 독자 지원 박애림, 김수경

ISBN 979-11-6303-324-0 64410
ISBN 979-11-6303-253-3(세트)
가격 10,000원

"펑펑 쏟아져야 눈이 쌓이듯, 공부도 집중해야 실력이 쌓인다."

교과서 집필 교수, 영재교육 연구소, 수학 전문학원, 명강사들이 적극 추천하는 '바빠 연산법'

'바빠 연산법' 시리즈는 학생들이 수학적 개념의 이해를 통해 수학적 절차를 터득하도록 체계적으로 구성한 책입니다.

김진호 교수(초등 수학 교과서 집필진)

한 영역의 계산을 체계적으로 배치해 놓아 학생들이 '끝을 보려고 달려들기'에 좋은 구조입니다. 계산 속도와 정확성을 완벽한 경지로 올려 줄 것입니다.

김종명 원장(분당 GTG수학 본원)

약수와 배수는 분수의 기본이 되는 원리로 중등에서도 꼭 필요한 영역입니다. '바빠 연산법'은 아이들이 지루하지 않을 적당한 문제 수로 구성되어 있어 많은 학생에게 도움이 되는 좋은 교재입니다. 얘들아 화이팅!

한정우 원장(일산 잇츠수학)

약수와 배수는 중학 과정까지 연계되는 아주 중요한 과정입니다. 이 책은 기초부터 차근차근 이해할 수 있도록 개념 설명을 쉽게 풀어내 혼자서도 충분히 학습할 수 있습니다. 수학의 흥미와 자신감을 갖게 해 줄 '바빠 연산법' 강추합니다!

박지현 원장(대치동 현수학학원)

친절한 개념 설명과 문제 풀이 비법까지 담겨 있어 연산 실력을 단기간에 끌어올릴 수 있는 최고의 교재입니다. 수학의 기초가 부족한 고학년 학생에게 '강추'합니다.

정경이 원장(하늘교육 문래학원)

'바빠 연산법' 시리즈는 수학적 사고 과정을 온전하게 통과하도록 친절하게 안내하는 길잡이입니다. 이 책을 끝낸 학생의 연필 끝에는 연산의 정확성과 속도가 장착되어 있을 거예요!

호사라 박사(분당 영재사랑 교육연구소)

약수와 배수는 고학년의 구구단 같은 개념입니다. 약수와 배수를 알아야 고학년 수학을 잘해 낼 수 있습니다. '바빠 연산법'으로 공부한다면 수학 공부의 쉬운 방향을 잘 찾을 수 있을 것입니다.

김민경 원장(동탄 더원수학)

드디어 꼭 필요한 교재가 나왔네요! 약수와 배수는 개념을 확실하게 알고 넘어가는 것이 정말 중요합니다. 분수가 어려운 5·6학년 학생들, 중학교 1학년 1학기 첫 단원인 '소인수분해'가 어려운 학생들은 꼭 짚고 넘어가야 할 교재입니다.

남신혜 선생(서울 아카데미 학원)

고학년 수학의 시작 '약수와 배수'를 탄탄하게!

초등 수학을 슬기롭게 마무리하고, 중1 수학도 잘하는 비결!

수포자를 만드는 5학년 수학, 그 이유는?

초등학교 고학년 수학의 70%는 분모가 다른 분수를 활용한 문제입니다. 5학년부터 배우는 '분모가 다른 분수의 계산'을 잘하기 위해서는 '약수와 배수' 개념을 잘 이해하는 것은 물론이고, 충분한 연산 훈련을 거쳐 활용 문제까지 거뜬히 풀어낼 수 있어야 합니다.

하지만 기본서에서는 개념을 배운 뒤 바로 응용·심화 문제가 나오다 보니, 아이들은 '약수와 배수'를 활용한 '최대공약수와 최소공배수'가 힘들고, 이후의 '약분과 통분', '분모가 다른 분수의 계산'도 어려워 수학을 포기하는 '수포자'의 길로 들어서기 시작합니다.

고학년 수학을 슬기롭게 공부하는 지름길, 약수와 배수!

이 책은 '약수와 배수'부터 '최대공약수와 최소공배수' 그리고 '약분과 통분'까지 단계적으로 구성했습니다. 문제를 풀기 전 친절한 설명으로 개념을 쉽게 이해하고, 충분한 연산 훈련으로 조금씩 어려워지는 문제에 도전합니다. 특히, 학생들이 가장 어려워하지만 시험에 꼭 나오는 최대공약수와 최소공배수의 문장제와 활용 문제까지 단계적으로 다뤄 학교 시험에도 대비할 수 있습니다. '바쁜 초등학생을 위한 빠른 약수와 배수' 한 권으로 약수와 배수의 기본 개념부터 문장제, 활용 문제까지 학습해 보세요.

중학 수학도 잘하는 첫 번째 비결, '약수와 배수'

중학교에 들어가 공부하는 첫 단원인 '소인수분해'는 바로 초등학교 5학년 때 배우는 '약수와 배수, 최대공약수, 최소공배수'와 관련된 내용입니다. 또한 이어서 배우는 둘째 단원인 '정수와 유리수' 역시 '약수와 배수'를 기본으로 '약분과 통분'의 개념까지 포함하고 있습니다.

따라서 선행보다 더 중요한 부분이 바로 이 부분을 초등학교 고학년 때 확실히 알고 넘어가는 것입니다. 초등학생 때 '약수와 배수' 단원을 탄탄하게 다지고 넘어간다면 중학 수학 역시 쉬워질 수밖에 없겠지요?

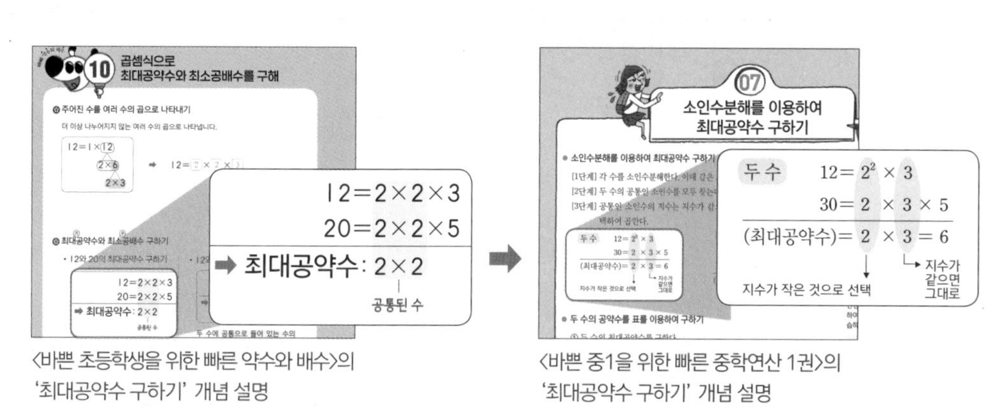

<바쁜 초등학생을 위한 빠른 약수와 배수>의 '최대공약수 구하기' 개념 설명

<바쁜 중1을 위한 빠른 중학연산 1권>의 '최대공약수 구하기' 개념 설명

탄력적 훈련으로 진짜 실력을 쌓는 효율적인 학습법!

'바쁜 초등학생을 위한 빠른 약수와 배수'는 단기간 탄력적 훈련으로 '약수와 배수'를 그냥 풀 줄 아는 정도가 아니라 아주 숙달될 수 있도록 구성하여 같은 시간을 들여도 더 효율적인 진짜 실력을 쌓는 학습법을 제시합니다.

간단한 연습만으로 충분한 단계는 빠르게 확인하고 넘어가고, 더 많은 학습량이 필요한 단계는 충분한 훈련이 가능하도록 확대하여 구성했습니다. 또한, 하루에 2~3단계씩 10~20일 안에 풀 수 있도록 구성하여 단기간 집중적으로 학습할 수 있습니다. 집중해서 공부하면 전체 맥락을 쉽게 이해할 수 있어서 한 권을 모두 푸는 데 드는 시간도 줄어들고, 실력도 차곡차곡 쌓입니다.

이 책으로 '약수와 배수' 단원을 집중해서 연습하면 초등 고학년 수학을 슬기롭게 마무리하고 중1 수학도 잘하는 계기가 될 것입니다.

선생님이 바로 옆에 계신 듯한 설명

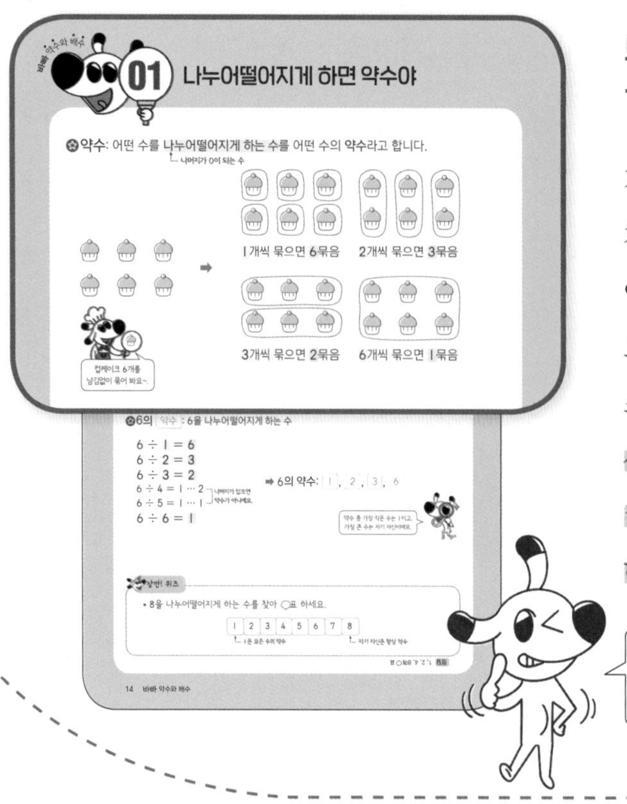

무조건 풀지 않는다!
개념을 보고 '느낌 알면서~.'

개념을 바르게 이해하지 못한 채 생각 없이 문제만 풀다 보면 어느 순간 벽에 부딪힐 수 있어요. 기초 체력을 키우려면 영양소를 골고루 섭취해야 하듯, 연산도 훈련 과정에서 개념과 원리를 함께 접해야 기초를 건강하게 다질 수 있답니다.

오호! 제목만 읽어도
개념이 쏙쏙~.

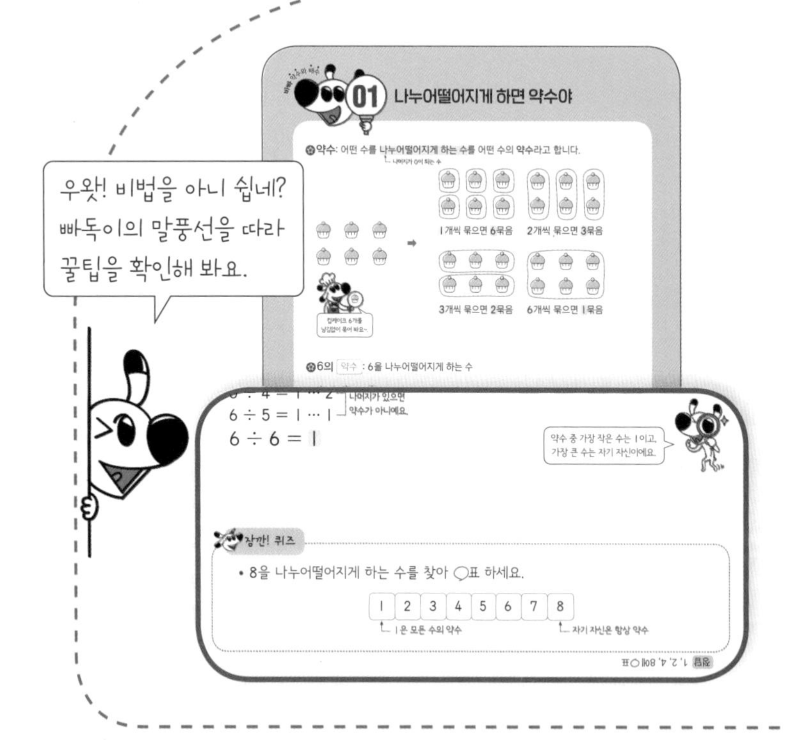

책 속의 선생님!
빠독이의 '꿀팁'과 '잠깐! 퀴즈'로
선생님과 함께 푼다!

문제를 풀 때 알아 두면 좋은 꿀팁부터 실수를 줄여 주는 꿀팁까지! 책 곳곳에서 빠독이가 알려줘 쉽게 이해하고 풀 수 있어요. 개념을 배운 다음엔 '잠깐! 퀴즈'로 개념을 한 번 더 정리할 수 있어 혼자 푸는데도 선생님이 옆에 있는 것 같아요!

종합 선물 같은 훈련 문제

실력을 쌓아 주는 바빠의 '작은 발걸음' 방식!

쉬운 내용은 빠르게 학습하고, 어려운 부분은 더 많이 훈련하도록 구성해 학습 효율을 높였어요. 또한 조금씩 수준을 높여 도전하는 바빠의 '작은 발걸음 방식(small step)'으로 몰입도를 높였어요.

느닷없이 어려워지지 않으니 끝까지 풀 수 있어요~.

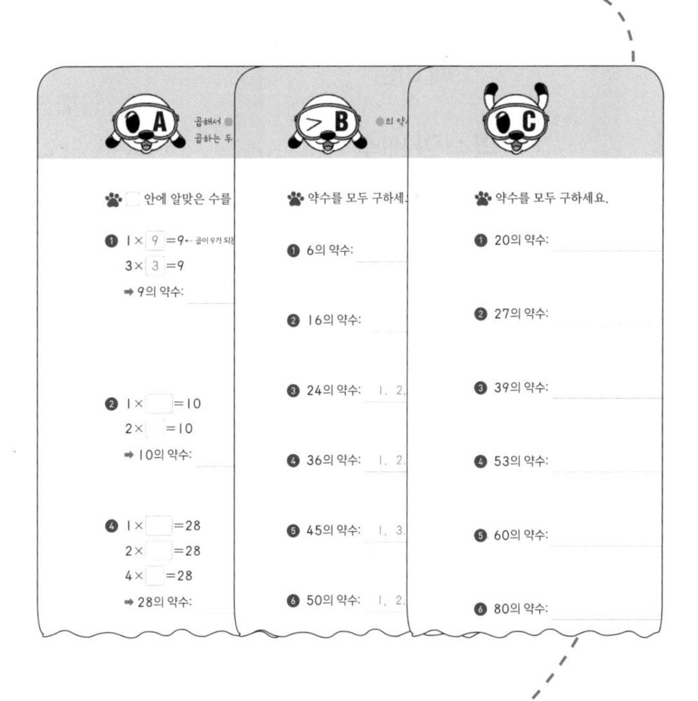

생활 속 언어로 이해하고, 게임으로 개념을 다시 확인하니 자신감이 저절로!

단순 계산력 문제만 연습하고 끝나지 않아요. 개념을 한 번 더 정리해 최종 점검할 수 있는 쉬운 문장제와 게임처럼 즐거운 연산 놀이터 문제로 완벽하게 자신의 것으로 만들면 자신감이 저절로!

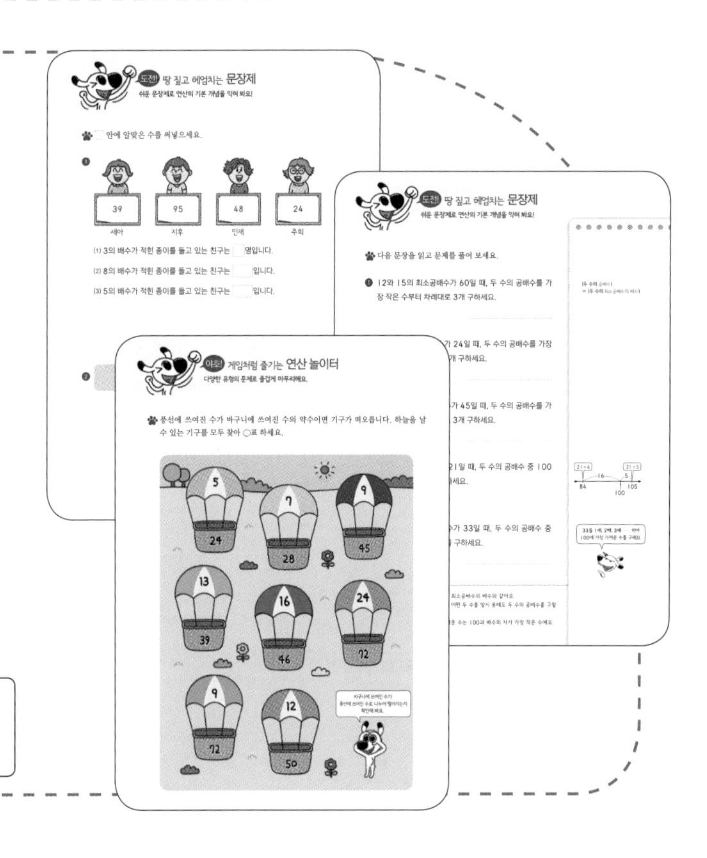

다양한 유형의 문제로 즐겁게 학습해요~!

바쁜 초등학생을 위한 빠른 약수와 배수

고학년을 위한 10분 진단 평가

'차근차근 문제를 풀어 더 정확하게 확인하겠다!' 면 20문항을 모두 풀고,
'빠르게 확인하고 계획을 세울 자신이 있다!' 면 짝수 문항만 풀어 보세요.

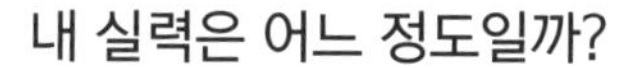

10분 진단

평가 문항: 20문항

아직 5학년 1학기 '약수와 배수'를
배우지 않은 학생은 풀지 않아도 됩니다.
➔ 바로 20일 진도로 진행!

진단할 시간이 부족할 때

5분 진단

짝수 문항만
풀어 보세요~.

평가 문항: 10문항

학원이나 공부방 등에서
진단 시간이 부족할 때 사용!

시계가 준비됐나요?

자! 이제 제시된 시간 안에 진단 평가를 풀어 본 후
12쪽의 '권장 진도표'를 참고하여 공부 계획을 세워 보세요.

약수와 배수 진단 평가 5학년 과정

약수를 모두 구하세요.

① 12 ➡

❷ 14 ➡

배수를 가장 작은 수부터 차례대로 3개 구하세요.

③ 9 ➡

❹ 15 ➡

식을 보고 □ 안에 '약수'와 '배수'를 알맞게 써넣으세요.

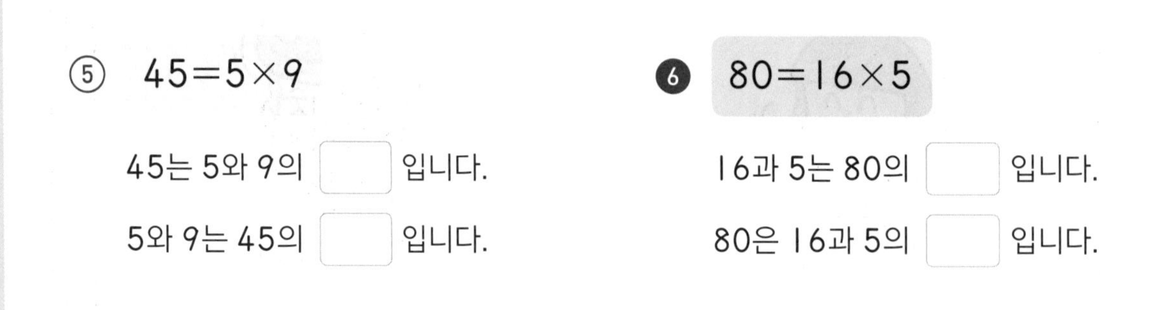

⑤ $45=5\times9$

45는 5와 9의 □ 입니다.

5와 9는 45의 □ 입니다.

❻ $80=16\times5$

16과 5는 80의 □ 입니다.

80은 16과 5의 □ 입니다.

두 수의 공약수를 모두 구하세요.

⑦ (16, 20) ➡

❽ (24, 40) ➡

두 수의 공배수를 가장 작은 수부터 차례대로 2개 구하세요.

⑨ (15, 20) ➡

❿ (16, 24) ➡

최대공약수와 최소공배수를 각각 구하세요.

⑪ $)\underline{12 \quad 18}$

⑫ $)\underline{15 \quad 24}$

⑬ $)\underline{10 \quad 15}$

⑭ $)\underline{8 \quad 12}$

⑮ $)\underline{32 \quad 12}$

⑯ $)\underline{27 \quad 6}$

다음을 약분하여 기약분수로 나타내세요.

⑰ $\frac{18}{42}=$

⑱ $\frac{14}{36}=$

최소공배수를 공통분모로 하여 통분하세요.

⑲ $\left(\frac{8}{15}, \frac{7}{10}\right)$ ➡

⑳ $\left(\frac{5}{8}, \frac{3}{10}\right)$ ➡

나만의 공부 계획을 세워 보자

다 맞았어요! → 예 → **10일 진도표로** 공부하면서 푸는 속도를 높여 보자!

아니요

1~4번을 못 풀었어요. → 예 → **'바쁜 5학년을 위한 빠른 교과서 연산'**을 먼저 풀고 다시 도전!

아니요

5~16번에 틀린 문제가 있어요. → 예 → 첫째 마당부터 차근차근 풀어 보자! **20일 진도표로** 공부 계획을 세워 보자!

아니요

17~20번에 틀린 문제가 있어요. → 예 → 단기간에 끝내는 **10일 진도표로** 공부 계획을 세워 보자!

권장 진도표

★	20일 진도	10일 진도
1일	01	01~03
2일	02	04~05
3일	03	06~07
4일	04	08~09
5일	05	10~11
6일	06	12~13
7일	07	14
8일	08	15~16
9일	09	17~18
10일	10	19~20
11일	11	
12일	12	
13일	13	
14일	14	
15일	15	
16일	16	
17일	17	
18일	18	
19일	19	
20일	20	

진단 평가 정답

① 1, 2, 3, 4, 6, 12 ❷ 1, 2, 7, 14 ③ 9, 18, 27 ❹ 15, 30, 45

⑤ 배수, 약수 ❻ 약수, 배수 ⑦ 1, 2, 4 ❽ 1, 2, 4, 8

⑨ 60, 120 ❿ 48, 96 ⑪ 6, 36 ⓬ 3, 120

⑬ 5, 30 ⓮ 4, 24 ⑮ 4, 96 ⓰ 3, 54

⑰ $\frac{3}{7}$ ⓲ $\frac{7}{18}$ ⑲ $\left(\frac{16}{30}, \frac{21}{30}\right)$ ⓴ $\left(\frac{25}{40}, \frac{12}{40}\right)$

첫째 마당

약수와 배수

첫째 마당은 나누어떨어지게 하는 수인 '약수'와 몇 배 한 수인 '배수'를 배워요. 약수와 배수를 빠르고 완벽하게 구하고 약수와 배수의 관계도 정확하게 이해해야, 둘째 마당에서 배우는 최대공약수와 최소공배수도 쉽게 구할 수 있어요.

공부할 내용!	완료	10일 진도	20일 진도
01 나누어떨어지게 하면 약수야	☑	1일차	1일차
02 곱해진 두 수는 곱의 약수야	☐		2일차
03 약수는 개수를 구할 수 있어	☐		3일차
04 몇 배 한 수는 배수가 돼	☐	2일차	4일차
05 범위에 속하는 배수를 찾자	☐		5일차
06 약수와 배수는 가까운 관계야	☐	3일차	6일차
07 도전! 배수의 규칙을 찾자	☐		7일차

01 나누어떨어지게 하면 약수야

☆ **약수**: 어떤 수를 나누어떨어지게 하는 수를 어떤 수의 **약수**라고 합니다.
└ 나머지가 0이 되는 수

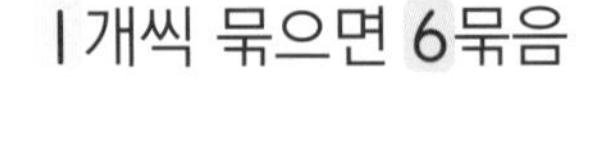

1개씩 묶으면 6묶음　2개씩 묶으면 3묶음

3개씩 묶으면 2묶음　6개씩 묶으면 1묶음

☆ 6의 약수 : 6을 나누어떨어지게 하는 수

$6 \div 1 = 6$

$6 \div 2 = 3$

$6 \div 3 = 2$

$6 \div 4 = 1 \cdots 2$

$6 \div 5 = 1 \cdots 1$

(나머지가 있으면 약수가 아니에요.)

$6 \div 6 = 1$

➡ **6의 약수:** 1, 2, 3, 6

잠깐! 퀴즈

• 8을 나누어떨어지게 하는 수를 찾아 ○표 하세요.

1	2	3	4	5	6	7	8

└ 1은 모든 수의 약수　└ 자기 자신은 항상 약수

정답 1, 2, 4, 8에 ○표

약수는 어떤 수를 나누어떨어지게 하는 수로 나눗셈으로 구할 수 있어요.
1부터 순서대로 나누어 나머지가 0이 되는 수를 찾아요.

□ 안에 알맞은 수를 써넣고, 약수를 구하세요.

❶ $4 \div 1 =$ [4] ← 나머지가 0이므로 나누어떨어져요.
$4 \div 2 =$ [2]
$4 \div 3 =$ [1] ⋯ [1] ← 나누어떨어지지 않아요.
$4 \div 4 =$ [1]
➡ 4의 약수: 1, 2, 4

❷ $5 \div 1 =$ □
$5 \div 2 =$ □ ⋯ □
$5 \div 3 =$ □ ⋯ □
$5 \div 4 =$ □ ⋯ □
$5 \div 5 =$ □
➡ 5의 약수: ______

❸ $6 \div$ □ $= 6$
$6 \div$ □ $= 3$
$6 \div$ □ $= 2$
$6 \div$ □ $= 1$
➡ 6의 약수: ______

❹ $10 \div$ □ $= 10$
$10 \div$ □ $= 5$
$10 \div$ □ $= 2$
$10 \div$ □ $= 1$
➡ 10의 약수: ______

❺ $15 \div$ □ $= 15$
$15 \div$ □ $= 5$
$15 \div$ □ $= 3$
$15 \div$ □ $= 1$
➡ 15의 약수: ______

❻ $21 \div$ □ $= 21$
$21 \div$ □ $= 7$
$21 \div$ □ $= 3$
$21 \div$ □ $= 1$
➡ 21의 약수: ______

약수 중 가장 작은 수는 1이고, 가장 큰 수는 자기 자신이에요.

□ 안에 알맞은 수를 써넣고, 약수를 구하세요.

❶ 8÷[1]=[8]
8÷[2]=[4]
8÷[4]=[2]
8÷[8]=[1]
➡ 8의 약수: 1, 2, 4, 8

❷ 9÷[1]=[9]
9÷[3]=[3]
9÷[9]=[1]
➡ 9의 약수: 1, 3, 9

❸ 12÷□=□
12÷□=□
12÷□=□
12÷□=□
12÷□=□
12÷□=□
➡ 12의 약수: ______

❹ 18÷□=□
18÷□=□
18÷□=□
18÷□=□
18÷□=□
18÷□=□
➡ 18의 약수: ______

❺ 25÷□=□
25÷□=□
25÷□=□
➡ 25의 약수: ______

❻ 27÷□=□
27÷□=□
27÷□=□
27÷□=□
➡ 27의 약수: ______

모든 수는 1과 자기 자신을 약수로 갖고 있어요.
약수를 구할 때, 1과 자기 자신을 먼저 써 두는 것도 좋아요.

□ 안에 알맞은 수를 써넣고, 약수를 구하세요.

❶ $7 \div 1 = 7$
$7 \div 7 = 1$
➡ 7의 약수: 1, 7

❷ $13 \div \square = \square$
$13 \div \square = \square$
➡ 13의 약수: ______

❸ $14 \div \square = \square$
$14 \div \square = \square$
$14 \div \square = \square$
$14 \div \square = \square$
➡ 14의 약수: ______

❹ $16 \div \square = \square$
$16 \div \square = \square$
$16 \div \square = \square$
$16 \div \square = \square$
$16 \div \square = \square$
➡ 16의 약수: ______

❺ $20 \div \square = \square$
$20 \div \square = \square$
$20 \div \square = \square$
$20 \div \square = \square$
$20 \div \square = \square$
$20 \div \square = \square$
➡ 20의 약수: ______

❻ $24 \div \square = \square$
$24 \div \square = \square$
$24 \div \square = \square$
$24 \div \square = \square$
$24 \div \square = \square$
$24 \div \square = \square$
$24 \div \square = \square$
$24 \div \square = \square$
➡ 24의 약수: ______

나눗셈을 이용하여 약수를 모두 구하세요.

❶ 22의 약수

➡ ______

❷ 26의 약수

➡ ______

❸ 28의 약수

➡ ______

❹ 32의 약수

➡ ______

❺ 42의 약수

➡ ______

❻ 49의 약수

➡ ______

❼ 50의 약수

➡ ______

❽ 55의 약수

➡ ______

❾ 70의 약수

➡ ______

❿ 77의 약수

➡ ______

⓫ 100의 약수

➡ ______

나누어떨어지게 하면 약수!
이해했어요!

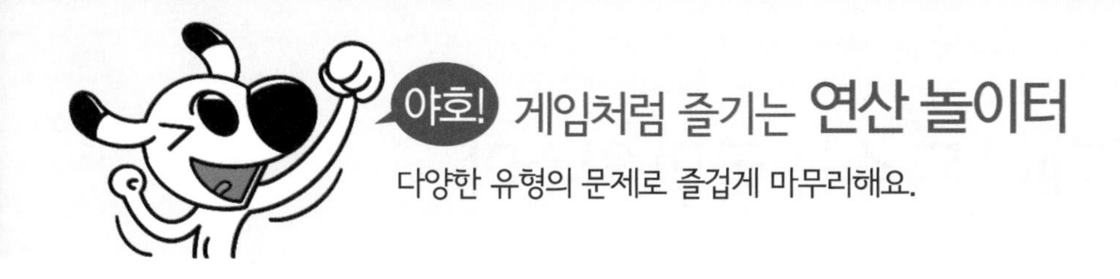

풍선에 쓰여진 수가 바구니에 쓰여진 수의 약수이면 기구가 떠오릅니다. 하늘을 날 수 있는 기구를 모두 찾아 ○표 하세요.

02 곱해진 두 수는 곱의 약수야

✪ 곱셈식에서 약수 구하기: 곱해진 두 수가 곱의 약수입니다.

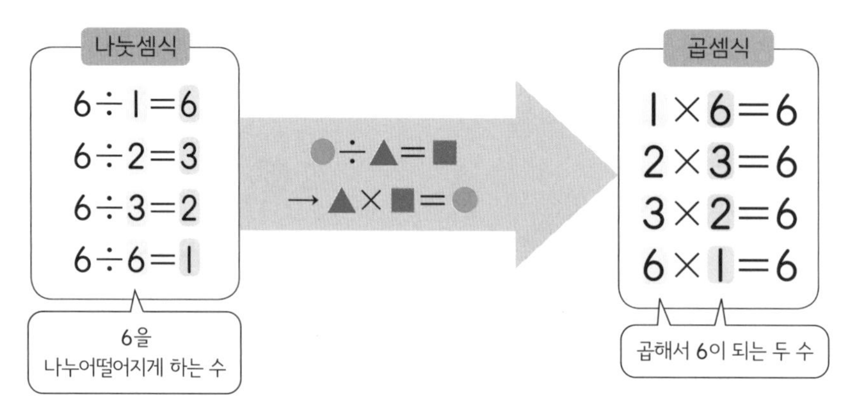

➡ 6의 약수: 1, 2, 3, 6

✪ 약수를 쉽게 구하는 방법

방법1 6을 두 자연수의 곱으로 나타낸 다음 곱해진 두 수를 ↰ 순서대로 씁니다.

1×6=6
2×3=6

➡ 6의 약수: 1, 2, 3, 6

3×2=2×3,
6×1=1×6이에요.
겹치는 식은 한 번만 쓰고,
↰ 순서대로 약수를 구해요.

방법2 1부터 곱해서 6이 되는 두 수를 모두 찾아 씁니다.

➡ 6의 약수: 1, 2, 3, 6

잠깐! 퀴즈

• 곱셈식을 보고 알맞은 수를 찾아 ○표 하세요.

1×8=8
2×4=8

8의 약수는 (1 , 2 , 3 , 4 , 5 , 6 , 7 , 8)입니다.

정답 1, 2, 4, 8에 ○표

곱해서 ●가 되는 두 수는 ●의 약수예요.
곱하는 두 수가 같으면 한 번만 써요.

□ 안에 알맞은 수를 써넣고, 약수를 구하세요.

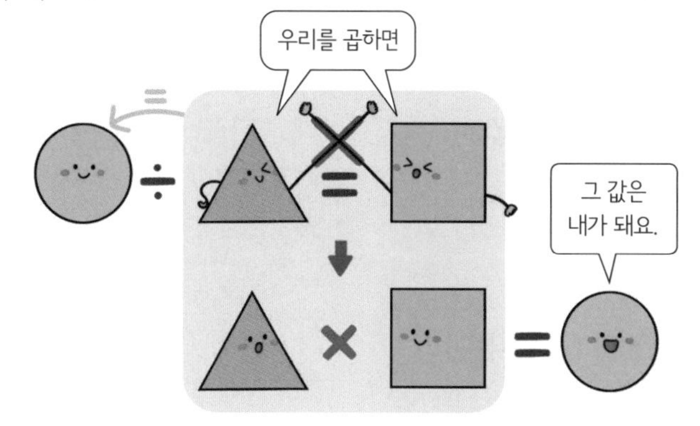

❶ $1\times$ 9 $=9$ ← 곱이 9가 되는 두 수를 써요.

$3\times$ 3 $=9$

➡ 9의 약수: 1, 3, 9

❷ $1\times$ □ $=10$

$2\times$ □ $=10$

➡ 10의 약수: ________

❸ $1\times$ □ $=15$

$3\times$ □ $=15$

➡ 15의 약수: ________

❹ $1\times$ □ $=28$

$2\times$ □ $=28$

$4\times$ □ $=28$

➡ 28의 약수: ________

❺ $1\times$ □ $=32$

$2\times$ □ $=32$

$4\times$ □ $=32$

➡ 32의 약수: ________

❻ $1\times$ □ $=30$

$2\times$ □ $=30$

$3\times$ □ $=30$

$5\times$ □ $=30$

➡ 30의 약수: ________

❼ $1\times$ □ $=42$

$2\times$ □ $=42$

$3\times$ □ $=42$

$6\times$ □ $=42$

➡ 42의 약수: ________

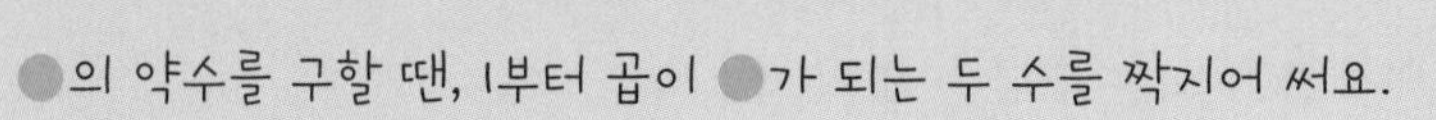

약수를 모두 구하세요.

❶ 6의 약수: 1, 2, 3, 6

❷ 16의 약수: 1, 2, ☐, ☐, 16

❸ 24의 약수: 1, 2, 24

❹ 36의 약수: 1, 2, 36

❺ 45의 약수: 1, 3, 45

❻ 50의 약수: 1, 2, 50

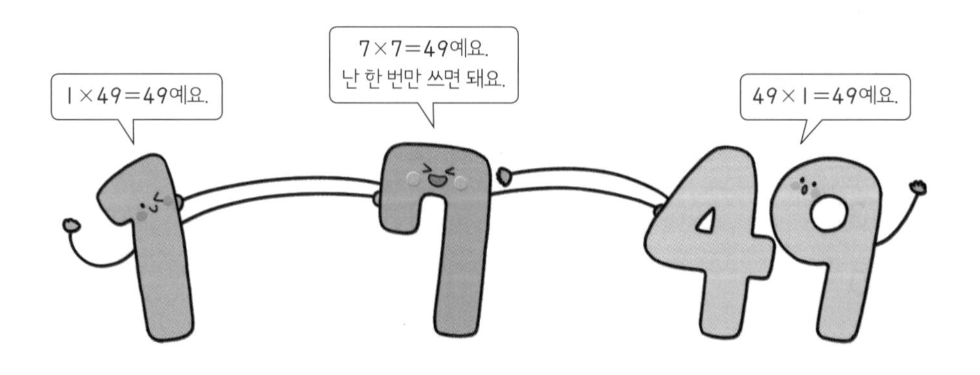

약수를 모두 구하세요.

❶ 20의 약수: ______

❷ 27의 약수: ______

❸ 39의 약수: ______

❹ 53의 약수: ______

❺ 60의 약수: ______

❻ 80의 약수: ______

❼ 115의 약수: ______

❽ 130의 약수: ______

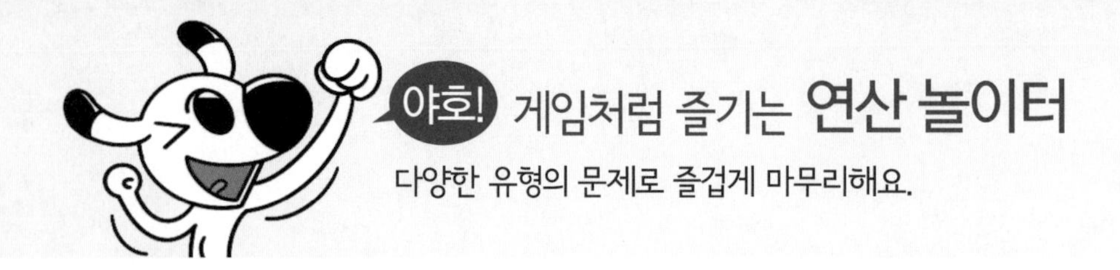

주어진 수의 약수를 모두 찾아 ○표 하세요.

03 약수는 개수를 구할 수 있어

약수의 개수

약수는 1부터 자기 자신까지의 수로 이루어져 있어 그 개수를 구할 수 있습니다.

• 3의 약수의 개수

$1\times3=3$ ➡ 2개

3의 약수: 1, 3

• 8의 약수의 개수

$1\times8=8$
$2\times4=8$ ➡ 4개

8의 약수: 1, 2, 4, 8

• 12의 약수의 개수

$1\times12=12$
$2\times6=12$ ➡ 6개
$3\times4=12$

12의 약수: 1, 2, 3, 4, 6, 12

약수가 2개뿐인 수

약수가 2개뿐인 수는 1과 자기 자신만을 약수로 가집니다.

약수가 2개뿐인 수를 '소수'라고 해요.

자연수	2	3	5	7	11	13	……
곱셈식	1×2	1×3	1×5	1×7	1×11	1×13	……
약수	1, 2	1, 3	1, 5	1, 7	1, 11	1, 13	……

약수가 2개뿐인 수는 기억해 두면 좋아요!

잠깐! 퀴즈

• 알맞은 수에 ○표 하세요.

2, 3, 5, 7은 약수가 (1 , 2)개입니다.

정답 2에 ○표

1과 자기 자신의 곱으로만 이루어진 수는 약수가 2개예요.

약수를 모두 쓰고, 개수를 구하세요.

❶ 3 약수: ______ 약수의 개수: ______

❷ 4 약수: ______ 약수의 개수: ______

❸ 7 약수: ______ 약수의 개수: ______

❹ 12 약수: ______ 약수의 개수: ______

❺ 18 약수: ______ 약수의 개수: ______

❻ 22 약수: ______ 약수의 개수: ______

❼ 44 약수: ______ 약수의 개수: ______

❽ 50 약수: ______ 약수의 개수: ______

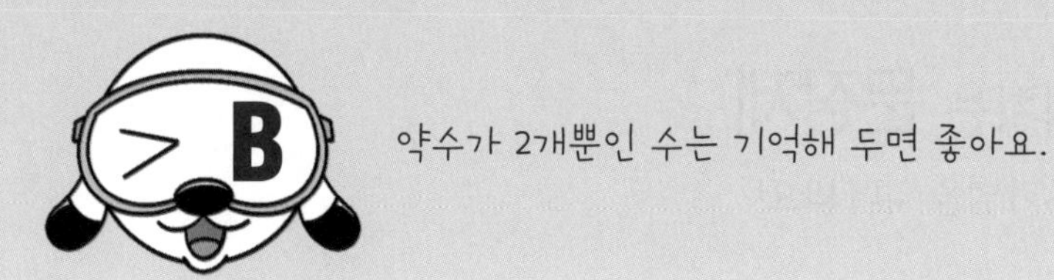

약수가 2개뿐인 수를 모두 찾아 ○표 하세요.

❶

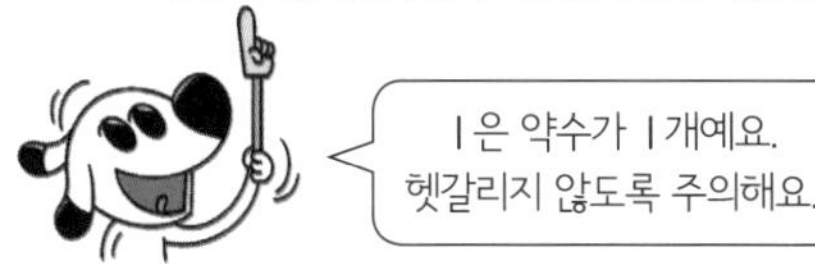

❷

❸
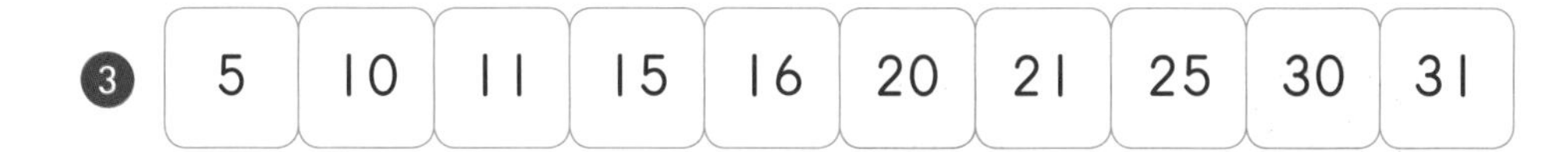

❹

2	17	23	27	29	31	33	36	39	40

❺

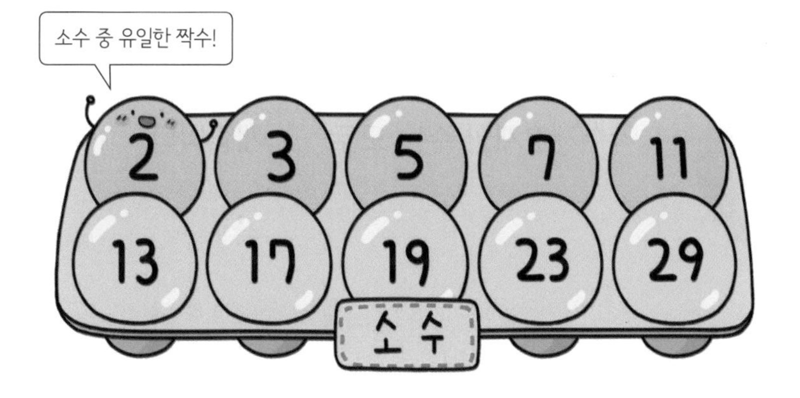

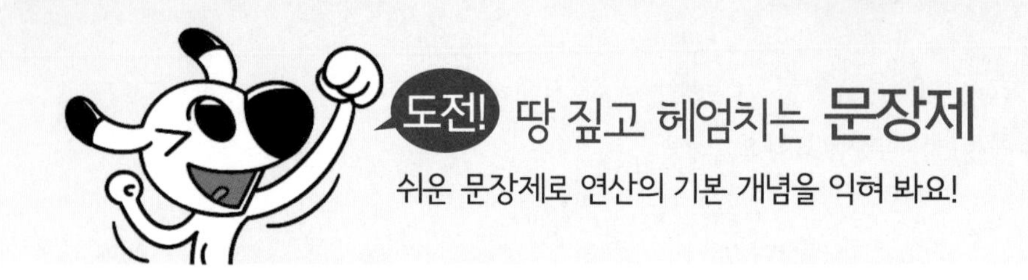

☐ 안에 알맞은 수나 이름을 써넣으세요.

❶ 8의 약수의 개수는 ☐개입니다.

❷ 48의 약수의 개수는 ☐개입니다.

❸

약수의 개수가 가장 많은 수가 적힌 종이를 들고 있는 친구는 ☐입니다.

❹

약수가 2개인 수는 모두 ☐개입니다.

04 몇 배 한 수는 배수가 돼

✪ **배수**: 어떤 수를 1배, 2배, 3배 …… 한 수를 어떤 수의 **배수**라고 합니다.
↑ ×1, ×2, ×3 ……

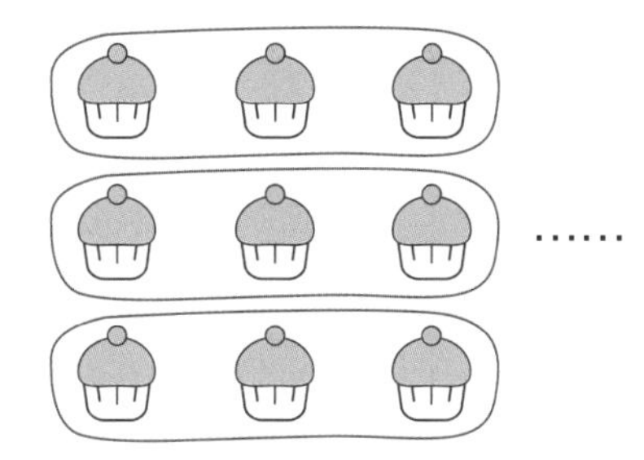

(1묶음) = 3개　　(2묶음) = 6개　　(3묶음) = 9개

✪ 3의 배수 : 3을 1배, 2배, 3배 …… 한 수

$3 \times 1 = 3$
$3 \times 2 = 6$
$3 \times 3 = 9$
$3 \times 4 = 12$
⋮

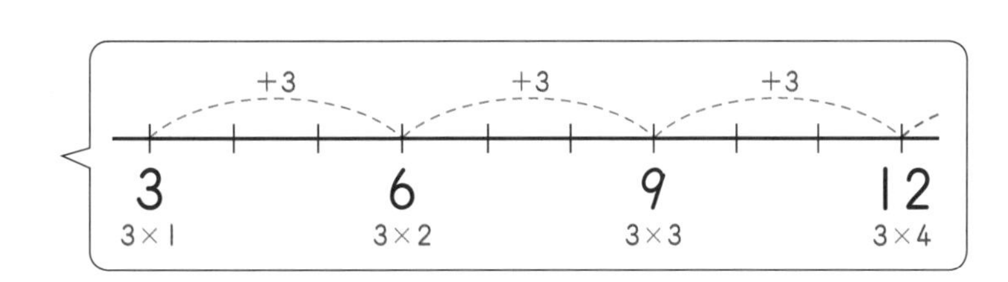

➡ 3의 배수: 3, 6, 9, 12 ……

잠깐! 퀴즈

• 알맞은 말에 ○표 하세요.

어떤 수를 1배, 2배, 3배 …… 한 수는 어떤 수의 (약수 , 배수)입니다.

정답 배수에 ○표

●의 배수에는 ●도 있다는 것을 꼭 기억해요.

□ 안에 알맞은 수를 써넣고, 배수를 작은 수부터 차례대로 4개 쓰세요.

❶ $2\times1=$ □ ← 2를 1배 한 수

$2\times2=$ □ ← 2를 2배 한 수

$2\times3=$ □ ← 2를 3배 한 수

$2\times4=$ □ ← 2를 4배 한 수

⋮

➡ 2의 배수: ______

❷ $3\times1=$ □

$3\times2=$ □

$3\times3=$ □

$3\times4=$ □

⋮

➡ 3의 배수: ______

❸ $5\times1=$ □

$5\times2=$ □

$5\times3=$ □

$5\times4=$ □

⋮

➡ 5의 배수: ______

❹ $7\times1=$ □

$7\times2=$ □

$7\times3=$ □

$7\times4=$ □

⋮

➡ 7의 배수: ______

❺ $8\times1=$ □

$8\times2=$ □

$8\times3=$ □

$8\times4=$ □

⋮

➡ 8의 배수: ______

❻ $12\times1=$ □

$12\times2=$ □

$12\times3=$ □

$12\times4=$ □

⋮

➡ 12의 배수: ______

●의 배수는 수직선 위에서 0에서부터 ●만큼씩 뛰어 센 것을 의미해요.

주어진 수의 배수를 수직선에 나타내고, 작은 수부터 차례대로 3개 쓰세요.

❶ 6의 배수

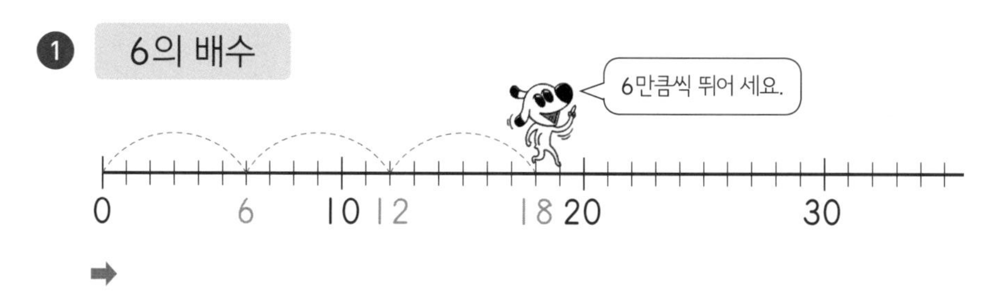

➡ ______

❷ 9의 배수

➡ ______

❸ 10의 배수

➡ ______

❹ 11의 배수

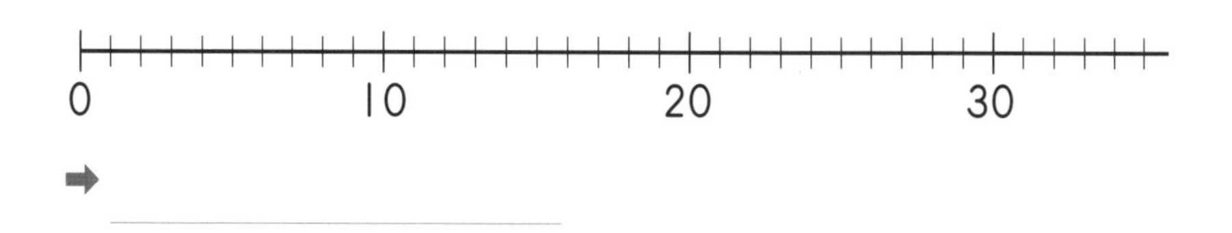

➡ ______

어떤 수의 배수는 셀 수 없이 많아서 모두 쓸 수 없어요.
그래서 "가장 작은 수부터 차례대로 4개 쓰세요."처럼 조건이 있어요.

배수를 가장 작은 수부터 차례대로 4개 쓰세요.

❶ 4의 배수
➡ ______

❷ 13의 배수
➡ ______

❸ 17의 배수
➡ ______

❹ 18의 배수
➡ ______

❺ 19의 배수
➡ ______

❻ 21의 배수
➡ ______

❼ 22의 배수
➡ ______

❽ 30의 배수
➡ ______

❾ 33의 배수
➡ ______

❿ 35의 배수
➡ ______

배수를 가장 작은 수부터 차례대로 4개 쓰세요.

❶ 14의 배수

➡ ______

❷ 15의 배수

➡ ______

❸ 16의 배수

➡ ______

❹ 20의 배수

➡ ______

❺ 25의 배수

➡ ______

❻ 27의 배수

➡ ______

❼ 32의 배수

➡ ______

❽ 40의 배수

➡ ______

❾ 50의 배수

➡ ______

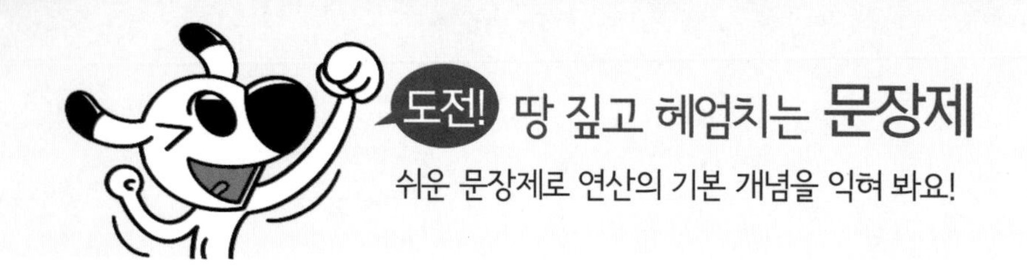

□ 안에 알맞은 수나 이름을 써넣으세요.

1

(1) 3의 배수가 적힌 종이를 들고 있는 친구는 □명입니다.

(2) 8의 배수가 적힌 종이를 들고 있는 친구는 □입니다.

(3) 5의 배수가 적힌 종이를 들고 있는 친구는 □입니다.

2

범위에 속하는 배수를 찾자

✪ 범위에 속하는 배수

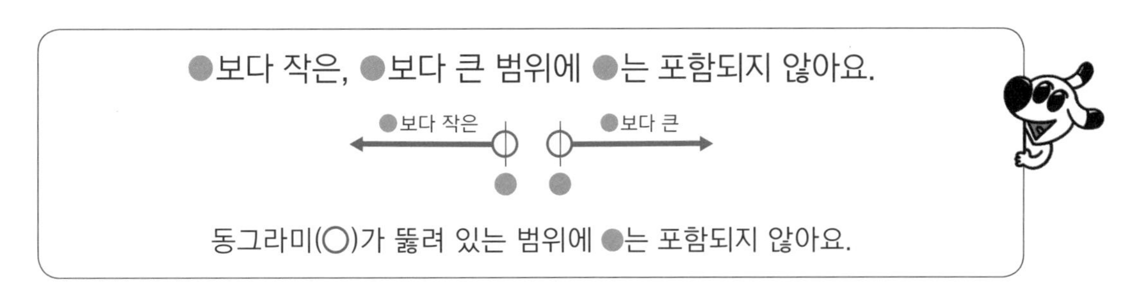

• 10보다 작은 3의 배수: 3, 6, 9

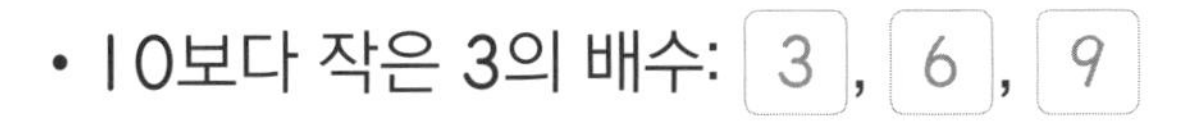

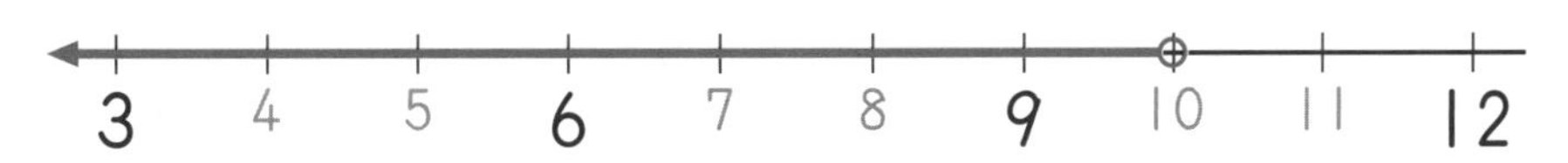

• 10보다 크고 25보다 작은 3의 배수: 12, 15, 18, 21, 24

✪ 범위에 속하는 배수의 개수

• 9보다 크고 81보다 작은 3의 배수의 개수 구하기

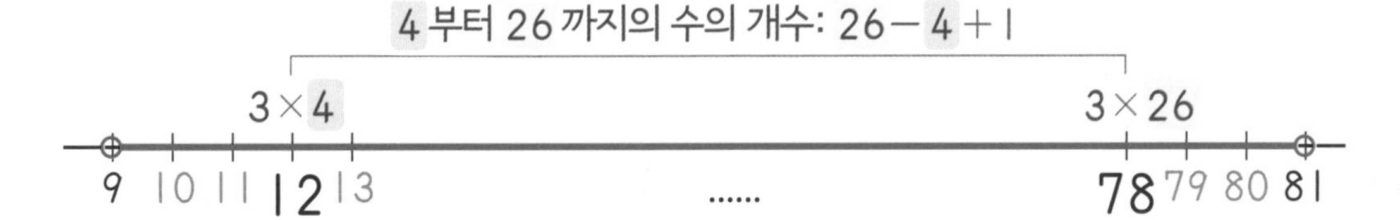

곱셈구구를 외우거나 곱셈을 하여 배수를 찾아요.

주어진 범위에 속하는 배수를 모두 찾아 ○표 하세요.

❶ 15보다 작은 2의 배수

1	2	3	4	5
6	7	8	9	10
11	12	13	14	15
16	17	18	19	20

❷ 15보다 작은 4의 배수

1	2	3	4	5
6	7	8	9	10
11	12	13	14	15
16	17	18	19	20

❸ 10보다 큰 3의 배수

6	7	8	9	10
11	12	13	14	15
16	17	18	19	20
21	22	23	24	25

❹ 15보다 큰 7의 배수

11	12	13	14	15
16	17	18	19	20
21	22	23	24	25
26	27	28	29	30

❺ 10보다 크고 25보다 작은 5의 배수

6	7	8	9	10
11	12	13	14	15
16	17	18	19	20
21	22	23	24	25

❻ 40보다 크고 50보다 작은 6의 배수

36	37	38	39	40
41	42	43	44	45
46	47	48	49	50
51	52	53	54	55

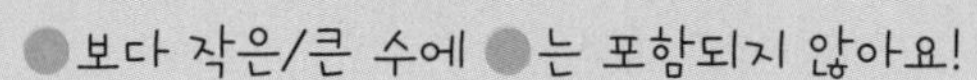

주어진 범위에 속하는 배수를 모두 찾아 ◯표 하세요.

❶ 10보다 작은 2의 배수

➡ 1 2 3 4 8 9 10

❷ 38보다 큰 8의 배수

➡ 32 40 47 68 64 72

❸ 30보다 작은 6의 배수

➡ 6 18 21 28 30 24

❹ 50보다 크고 95보다 작은 5의 배수

➡ 45 49 55 90 96 95

❺ 21보다 크고 65보다 작은 3의 배수

➡ 21 24 28 30 52 63 65 72

●의 배수에는 ●도 있다는 것을 꼭 기억해요.

□ 안에 주어진 범위에 속하는 배수의 개수를 써넣으세요.

1. 35보다 작은 9의 배수 ➡ □개

2. 60보다 작은 7의 배수 ➡ □개

3. 42보다 작은 4의 배수 ➡ □개

4. 10보다 크고 50보다 작은 11의 배수 ➡ □개

5. 45보다 크고 60보다 작은 3의 배수 ➡ □개

6. 30보다 크고 60보다 작은 14의 배수 ➡ □개

7. 40보다 크고 70보다 작은 8의 배수 ➡ □개

8. 20보다 크고 62보다 작은 12의 배수 ➡ □개

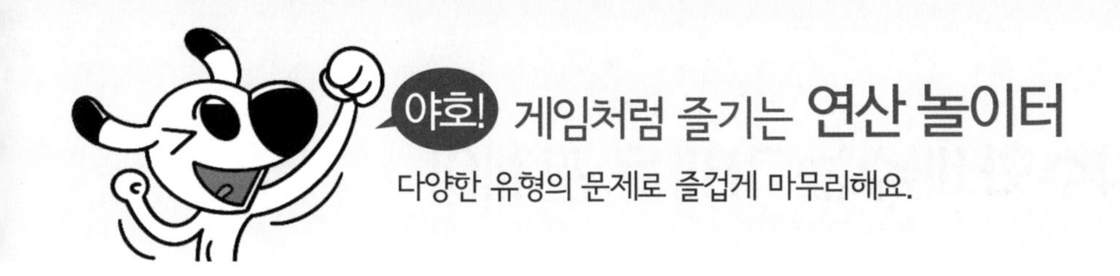

올바른 답이 적힌 길을 따라가면 보물을 찾을 수 있어요. 빠독이가 가야 할 길을 표시해 보세요.

06 약수와 배수는 가까운 관계야

✪ 약수와 배수의 관계

• 곱셈식에서의 약수와 배수

곱셈식에서 곱은 곱하는 수의 배수이고, 곱하는 수는 곱의 약수입니다.

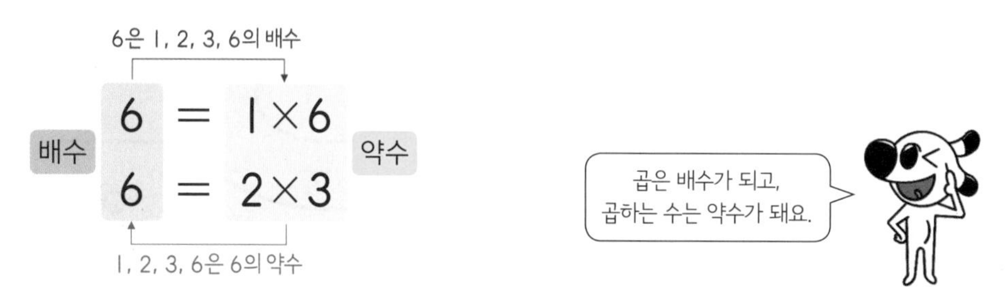

• 나눗셈식에서의 약수와 배수

나눗셈식에서 나누어지는 수는 나누는 수와 몫의 배수이고, 나누는 수와 몫은 나누어지는 수의 약수입니다.

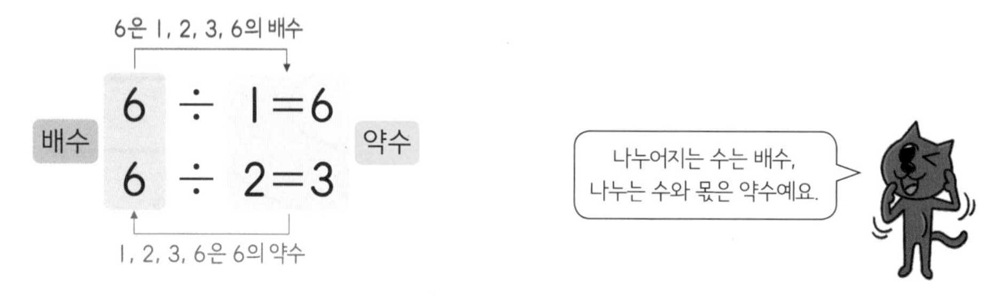

잠깐! 퀴즈

• 곱셈식을 보고 알맞은 것을 찾아 ○표 하세요.

15=3×5

3과 5는 15의 (약수 , 배수)이고,
15는 3과 5의 (약수 , 배수)입니다.

정답 약수, 배수에 ○표

곱셈식에서 곱하는 두 수는 곱의 약수이고,
나눗셈식에서 나누어지는 수는 나누는 수와 몫의 배수예요.
$1\times6=6$, $2\times3=6$ ➡ 6의 약수: 1, 2, 3, 6

주어진 식을 보고 □ 안에 알맞은 수를 써넣으세요.

❶ $6=1\times6$, $6=2\times3$ / $6\div1=6$, $6\div2=3$

➡ 6의 약수는 1, 2, 3, 6 입니다.
➡ 6은 1, 2, 3, 6 의 배수입니다.

❷ $15=1\times15$, $15=3\times5$ / $15\div1=15$, $15\div3=5$

➡ 15의 약수는 □, □, □, □ 입니다.
➡ 15는 □, □, □, □ 의 배수입니다.

❸ $35=1\times35$, $35=5\times7$ / $35\div1=35$, $35\div5=7$

➡ 35의 약수는 □, □, □, □ 입니다.
➡ 35는 □, □, □, □ 의 배수입니다.

❹ $12=1\times12$, $12=2\times6$, $12=3\times4$ / $12\div1=12$, $12\div2=6$, $12\div3=4$

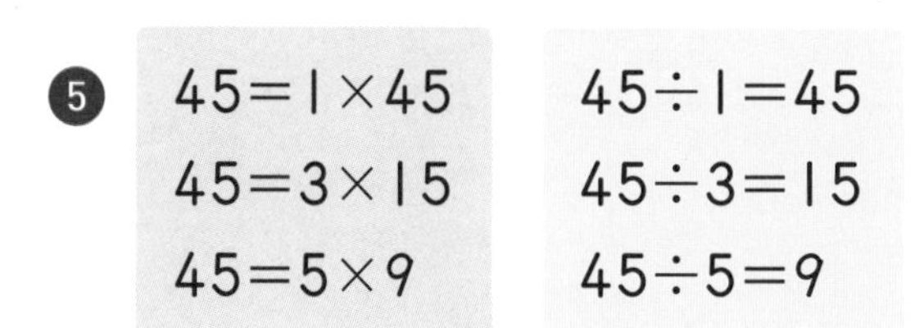

➡ □ 의 약수는 □, □, □, □, □, □ 입니다.
➡ □ 는 □, □, □, □, □, □ 의 배수입니다.

❺ $45=1\times45$, $45=3\times15$, $45=5\times9$ / $45\div1=45$, $45\div3=15$, $45\div5=9$

➡ □ 의 약수는 □, □, □, □, □, □ 입니다.

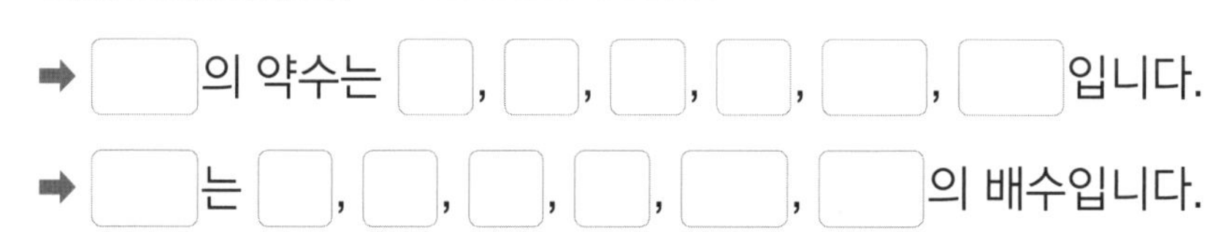

➡ □ 는 □, □, □, □, □, □ 의 배수입니다.

주어진 수를 서로 다른 두 수의 곱으로 나타내고, 약수와 배수의 관계를 쓰세요.

❶ 21=1×[21]　21=3×[7]

➡ 21의 약수는 1, 3, [7], [21] 입니다.

➡ 21은 1, 3, [7], [21] 의 배수입니다.

❷ 55=[ ]×[ ]　55=[ ]×[ ]

➡ 55의 약수는 [ ], [ ], [ ], [ ] 입니다.

➡ 55는 [ ], [ ], [ ], [ ] 의 배수입니다.

❸ 44=[ ]×[ ]　44=[ ]×[ ]　44=[ ]×[ ]

➡ 44의 약수는 [ ], [ ], [ ], [ ], [ ], [ ] 입니다.

➡ 44는 [ ], [ ], [ ], [ ], [ ], [ ] 의 배수입니다.

❹ 81=[ ]×[ ]　81=[ ]×[ ]　81=[ ]×[ ]

➡ 81의 약수는 [ ], [ ], [ ], [ ], [ ] 입니다.

➡ 81은 [ ], [ ], [ ], [ ], [ ] 의 배수입니다.

(큰 수)÷(작은 수)가 나누어떨어지면
두 수는 약수와 배수의 관계예요.

두 수가 약수와 배수의 관계가 맞으면 ○표, 아니면 ×표 하세요.

❶ | 48 | 8 | ( )

❷ | 50 | 6 | ( )

❸ | 3 | 49 | ( )

❹ | 51 | 3 | ( )

❺ | 15 | 75 | ( )

❻ | 7 | 63 | ( )

❼ | 56 | 13 | ( )

❽ | 121 | 11 | ( )

❾ | 92 | 23 | ( )

❿ | 106 | 9 | ( )

작은 수를 몇 배 한 수가 큰 수가 되면 두 수는 약수와 배수의 관계예요.

약수와 배수의 관계인 두 수를 찾아 ○표 하세요.

❶ 27 9 12

❷ 83 7 63

❸ 16 52 64

❹ 90 4 18

❺ 22 4 84

❻ 3 76 102

❼ 10 100 12

❽ 24 36 8

❾ 62 2 21

❿ 81 107 27

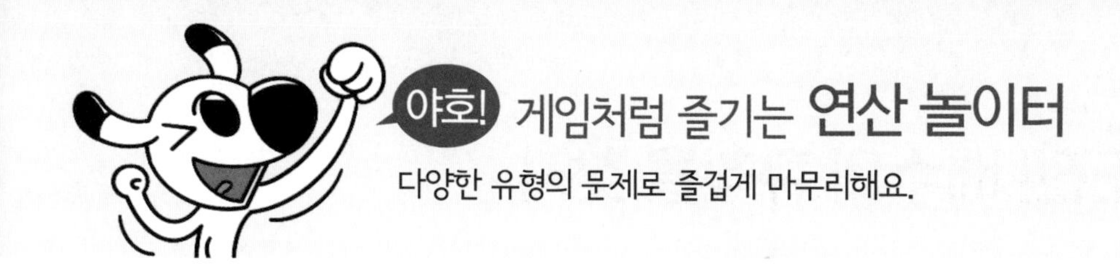

두 수가 약수와 배수의 관계인 물고기만 잡을 수 있습니다. 잡을 수 있는 물고기를 모두 찾아 낚싯줄을 이어 보세요.

도전! 배수의 규칙을 찾자

✪ 배수 판정법

• **2의 배수**: 일의 자리 숫자가 0이거나 2의 배수

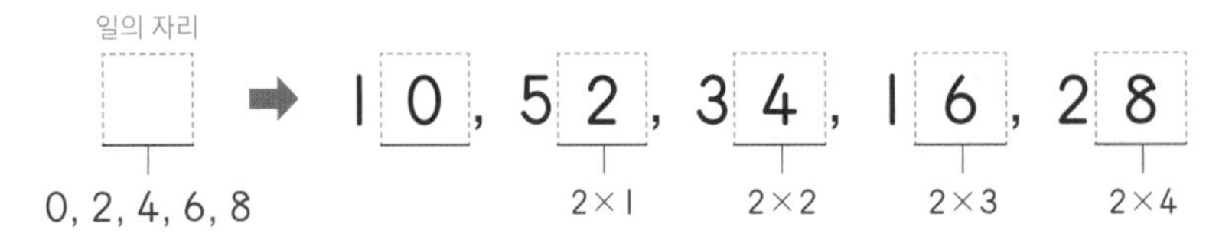

• **5의 배수**: 일의 자리 숫자가 0 또는 5

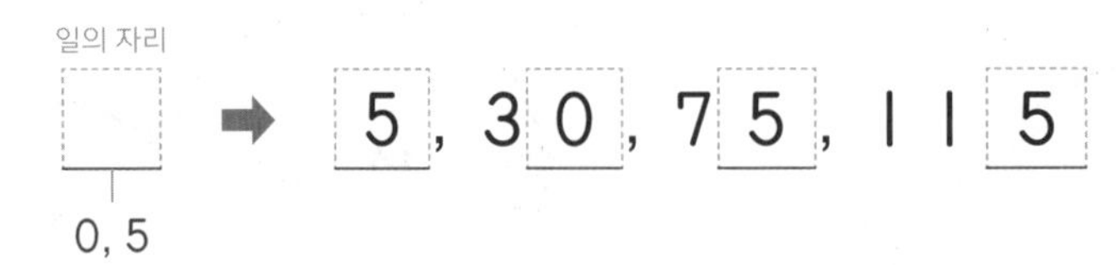

• **3의 배수**: 각 자리 숫자의 합이 3의 배수

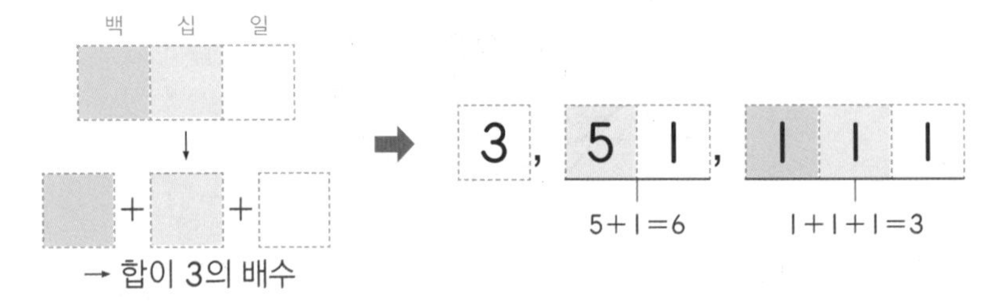

• **9의 배수**: 각 자리 숫자의 합이 9의 배수

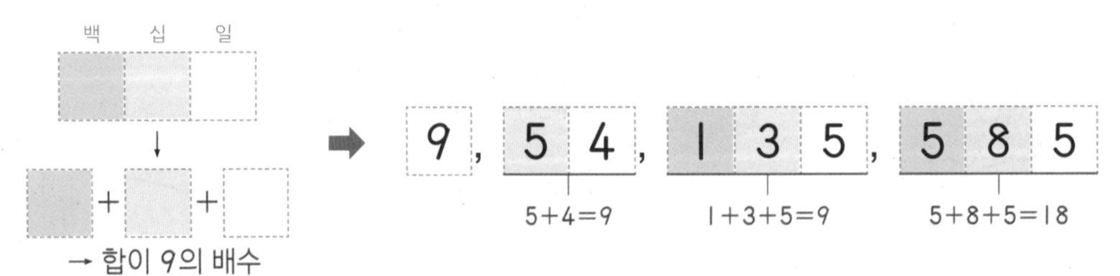

먼저 일의 자리 숫자를 확인하여 2의 배수인지 5의 배수인지 확인하고,
각 자리 숫자의 합을 확인하여 3의 배수인지 9의 배수인지 확인해 봐요.

주어진 수가 어떤 수의 배수인지 맞는 것을 모두 찾아 ○표 하세요.

❶ 85 ➡ (2 , 3 , 5)의 배수

일의 자리 숫자는 5이고,
각 자리 숫자의 합은 8+5=13이에요.

❷ 62 ➡ (2 , 5 , 9)의 배수

❸ 108 ➡ (2 , 3 , 5)의 배수

일의 자리 숫자는 8이고,
각 자리 숫자의 합은 1+8=9예요.

❹ 81 ➡ (2 , 3 , 9)의 배수

❺ 126 ➡ (3 , 5 , 9)의 배수

❻ 50 ➡ (2 , 3 , 5)의 배수

❼ 123 ➡ (2 , 3 , 5)의 배수

❽ 215 ➡ (2 , 5 , 9)의 배수

❾ 132 ➡ (2 , 3 , 9)의 배수

❿ 303 ➡ (3 , 5 , 9)의 배수

2의 배수와 5의 배수는 일의 자리에 들어갈 숫자를,
3의 배수와 9의 배수는 각 자리 숫자의 합을 생각해 봐요.

배수가 되기 위해 □ 안에 들어갈 수 있는 수를 모두 쓰세요.

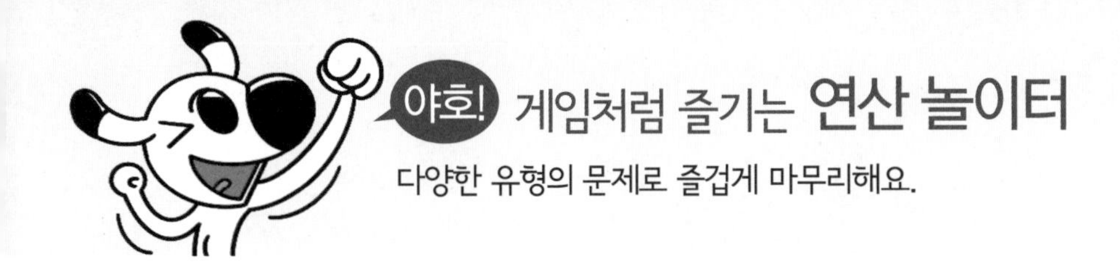

3의 배수를 따라가면 보물을 찾을 수 있습니다. 보물을 찾으러 가는 길을 표시해 보세요.

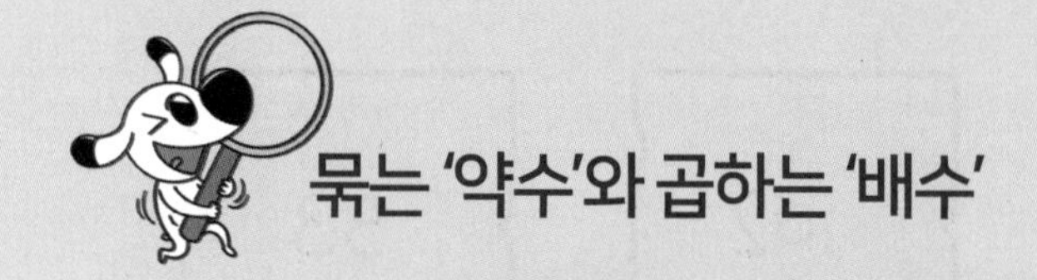

묶는 '약수'와 곱하는 '배수'

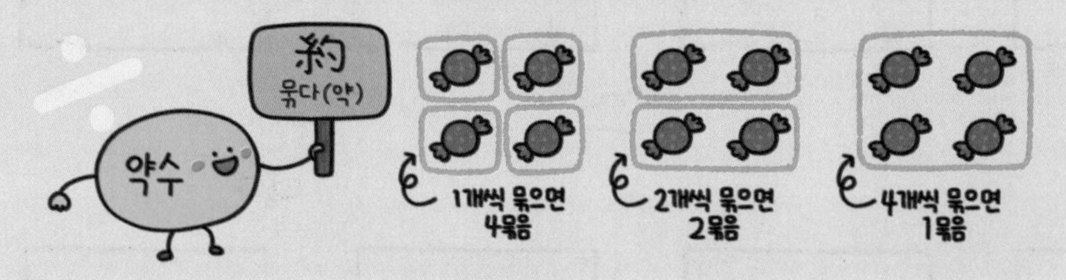

약수의 '약'은 '묶다'라는 뜻으로 어떤 수를 묶음으로 나눌 수 있는 수를 말해요. 어떤 수를 묶음으로 남는 것 없이 묶을 수 있으면 묶은 수와 묶음의 개수를 어떤 수의 약수라고 할 수 있어요. 묶음으로 나타낼 수 있는 약수는 가장 작은 약수인 1부터 가장 큰 약수인 자기 자신까지의 수로 이루어져 그 개수를 구할 수 있어요.

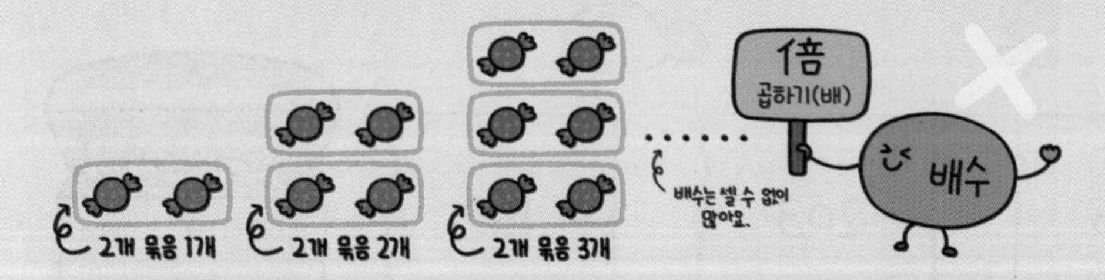

배수의 배는 '곱하다'라는 뜻으로 1배, 2배, 3배 …… 한 수들을 말해요. 어떤 수를 1배 한 수부터 2배 한 수, 3배 한 수 ……. 몇 배 한 수는 셀 수 없이 많으므로 가장 작은 배수는 자기 자신이지만, 가장 큰 배수는 구할 수 없어요.

둘째 마당

최대공약수와 최소공배수

둘째 마당에서는 공통된 약수인 '공약수'와 공통된 배수인 '공배수'를 배워요. 공약수 중 가장 큰 수는 '최대공약수', 공배수 중 가장 작은 수는 '최소공배수'라고 해요. 첫째 마당에서 배운 약수와 배수를 잘 기억해 최대공약수와 최소공배수를 구해 봐요.

공부할 내용!	완료	10일 진도	20일 진도
08 공통된 약수는 공약수야	☐	4일차	8일차
09 공통된 배수는 공배수야	☐		9일차
10 곱셈으로 최대공약수와 최소공배수를 구해	☐	5일차	10일차
11 나눗셈으로 최대공약수와 최소공배수를 구해	☐		11일차
12 공약수는 최대공약수의 약수야	☐	6일차	12일차
13 공배수는 최소공배수의 배수야	☐		13일차
14 도전! 최대공약수와 최소공배수의 활용	☐	7일차	14일차

공통된 약수는 공약수야

✪ 공약수: 공통된 약수

• 8과 12의 공약수 구하기

└ 8과 12를 모두 나누어떨어지게 하는 수

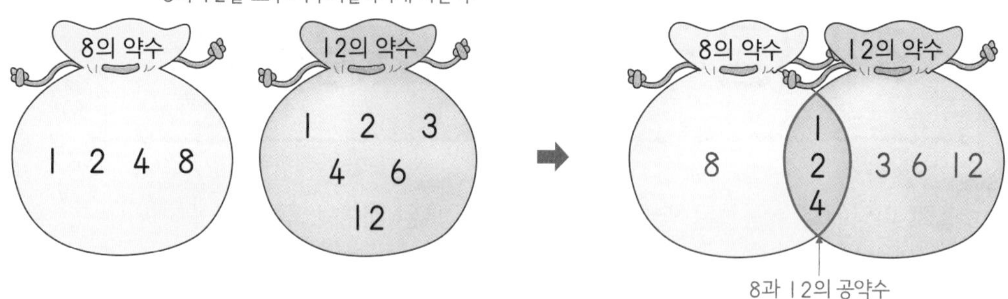

➡ 8과 12의 공약수: 1, 2, 4

✪ 최대(大)공약수: 공약수(공통된 약수) 중에서 가장 큰 수

• 8과 12의 최대공약수 구하기

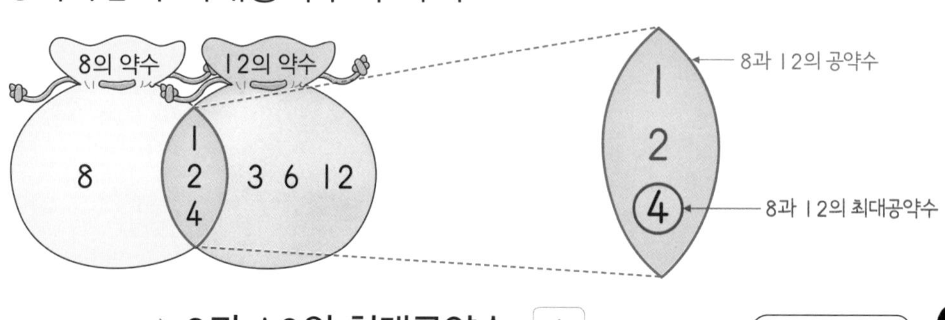

➡ 8과 12의 최대공약수: 4

잠깐! 퀴즈

• 알맞은 수에 ○표 하세요.

15와 18의 공약수가 1, 3일 때 최대공약수는 (1 , 3)입니다.

정답 3에 ○표

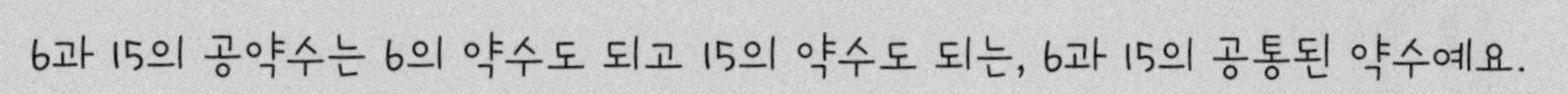

🐾 두 수의 약수를 각각 구하고, 공약수를 찾아 쓰세요.

공통된 약수가 공약수!
약수를 먼저 구한 다음 공통된 약수를 찾아요.

❶ 6의 약수: ☐, ☐, ☐, ☐

15의 약수: ☐, ☐, ☐, ☐

➡ 6과 15의 공약수: ______

❷ 8의 약수: ☐, ☐, ☐, ☐

14의 약수: ☐, ☐, ☐, ☐

➡ 8과 14의 공약수: ______

❸ 12의 약수: ☐, ☐, ☐, ☐, ☐, ☐

16의 약수: ☐, ☐, ☐, ☐, ☐

➡ 12와 16의 공약수: ______

❹ 10의 약수: ☐, ☐, ☐, ☐

20의 약수: ☐, ☐, ☐, ☐, ☐, ☐

➡ 10과 20의 공약수: ______

10은 20의 약수예요.
두 수의 공약수는
10의 약수가 돼요.

❺ 18의 약수: ☐, ☐, ☐, ☐, ☐, ☐

24의 약수: ☐, ☐, ☐, ☐, ☐, ☐, ☐, ☐

➡ 18과 24의 공약수: ______

1은 모든 수의 약수이므로 공약수에는 항상 1이 포함돼요.

약수를 보고 두 수의 공약수와 최대공약수를 쓰세요.

❶
- 9의 약수: 1, 3, 9
- 21의 약수: 1, 3, 7, 21

➡ 9와 21의 공약수: ______ ➡ 최대공약수: ______

가장 큰(大) 공약수

❷
- 30의 약수: 1, 2, 3, 5, 6, 10, 15, 30
- 25의 약수: 1, 5, 25

➡ 30과 25의 공약수: ______ ➡ 최대공약수: ______

❸
- 16의 약수: 1, 2, 4, 8, 16
- 20의 약수: 1, 2, 4, 5, 10, 20

➡ 16과 20의 공약수: ______ ➡ 최대공약수: ______

❹
- 15의 약수: 1, 3, 5, 15
- 45의 약수: 1, 3, 5, 9, 15, 45

➡ 15와 45의 공약수: ______ ➡ 최대공약수: ______

❺
- 36의 약수: 1, 2, 3, 4, 6, 9, 12, 18, 36
- 24의 약수: 1, 2, 3, 4, 6, 8, 12, 24

➡ 36과 24의 공약수: ______ ➡ 최대공약수: ______

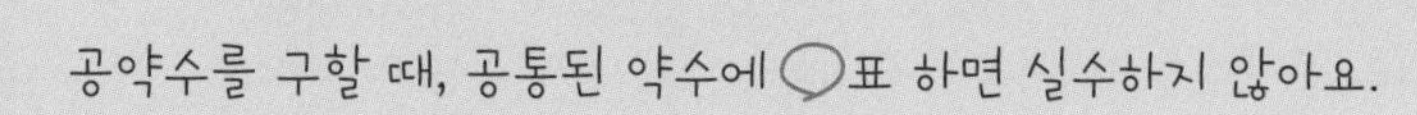

두 수의 약수를 구한 다음 두 수의 공약수와 최대공약수를 구하세요.

❶ 8의 약수: ①, ②, 4, 8

14의 약수: ①, ②, 7, 14

➡ 8과 14의 공약수: 1, 2 ➡ 최대공약수: 2

공통된 약수에 ○표 해 빠짐없이 구해 봐요!

❷ 36의 약수:

30의 약수:

➡ 36과 30의 공약수: ______ ➡ 최대공약수: ______

❸ 50의 약수:

25의 약수:

➡ 50과 25의 공약수: ______ ➡ 최대공약수: ______

❹ 49의 약수:

35의 약수:

➡ 49와 35의 공약수: ______ ➡ 최대공약수: ______

❺ 27의 약수:

54의 약수:

➡ 27과 54의 공약수: ______ ➡ 최대공약수: ______

1 이외의 공약수를 갖는 두 수의 가장 작은 공약수는 1이에요.

두 수의 공약수와 최대공약수를 구하세요.

❶ 15 | 48

➡ 공약수: ______

➡ 최대공약수: ______

❷ 42 | 24

➡ 공약수: ______

➡ 최대공약수: ______

❸ 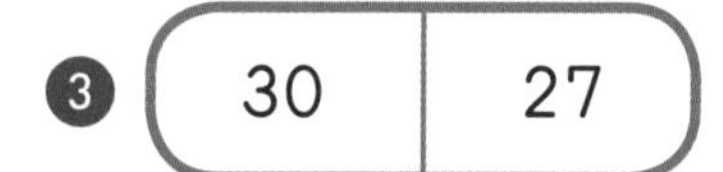

➡ 공약수: ______

➡ 최대공약수: ______

❹ 50 | 35

➡ 공약수: ______

➡ 최대공약수: ______

❺ 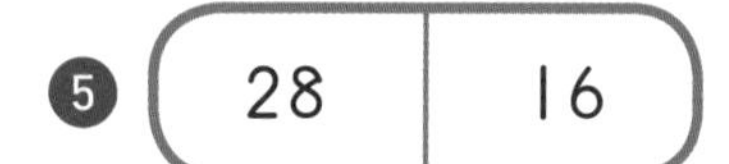

➡ 공약수: ______

➡ 최대공약수: ______

❻ 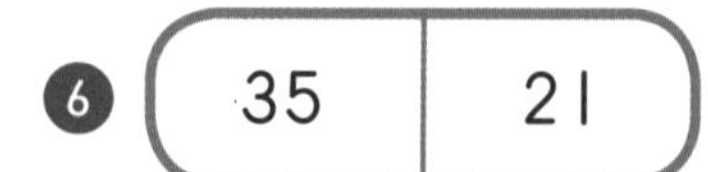

➡ 공약수: ______

➡ 최대공약수: ______

❼ 

➡ 공약수: ______

➡ 최대공약수: ______

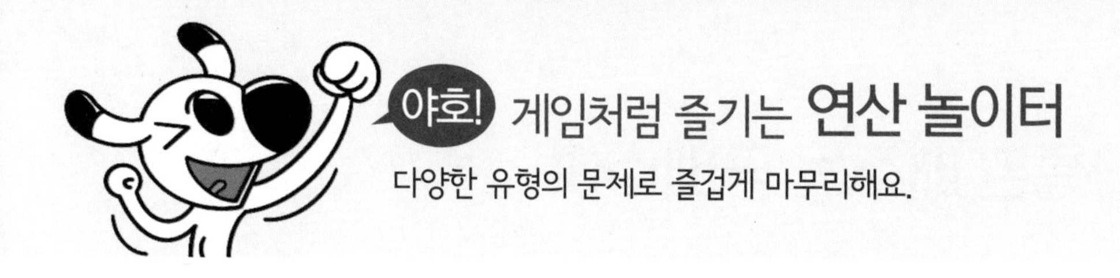

수학자가 한 말이 진실이면 ○, 거짓이면 ×에 선을 이어 보세요.

09 공통된 배수는 공배수야

공배수: 공통된 배수

• 2와 3의 공배수 구하기

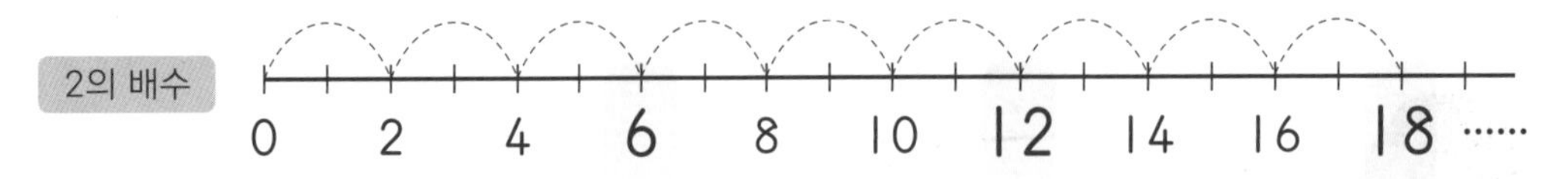

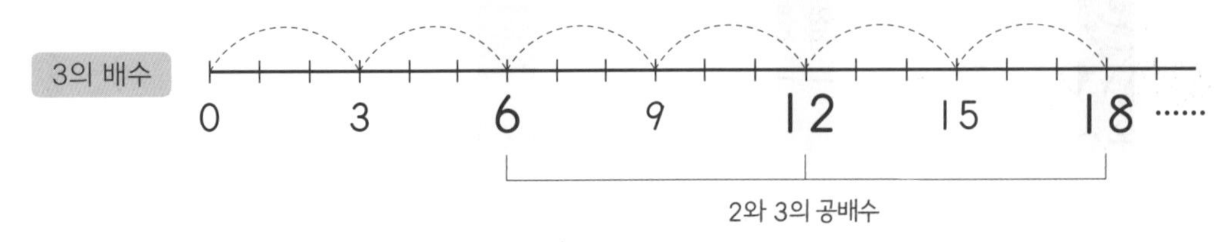

➡ 2와 3의 공배수: 6, 12, 18 ……

최소(小)공배수: 공배수(공통된 배수) 중에서 가장 작은 수

• 2와 3의 최소공배수 구하기

↑ 2와 3이 처음으로 같아지는 수

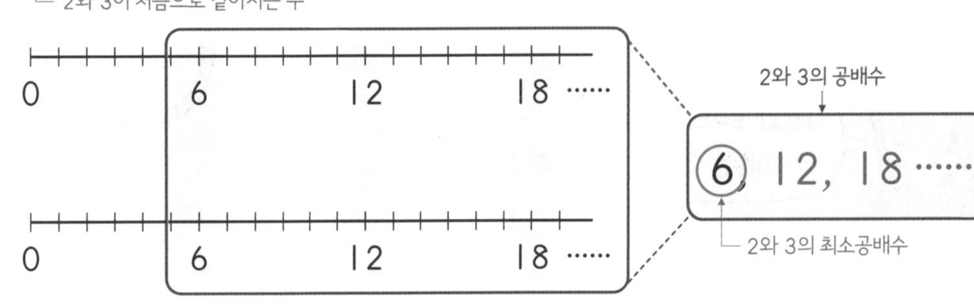

2와 3의 공배수

⑥, 12, 18 ……

2와 3의 최소공배수

➡ 2와 3의 최소공배수: 6

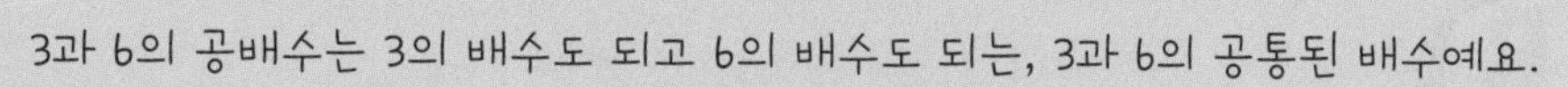

🐾 배수를 쓰고, 공배수를 가장 작은 수부터 차례대로 2개 쓰세요.

배수를 가장 작은 수부터 차례대로 써요.

❶ 3의 배수: □, □, □, □, □ ……

6의 배수: □, □ ……

➡ 3과 6의 공배수: ________

❷ 4의 배수: □, □, □, □, □ ……

8의 배수: □, □ ……

➡ 4와 8의 공배수: ________

❸ 4의 배수: □, □, □, □, □, □, □ ……

6의 배수: □, □, □, □ ……

➡ 4와 6의 공배수: ________

❹ 6의 배수: □, □, □, □ ……

2의 배수: □, □, □, □, □, □ ……

➡ 6과 2의 공배수: ________

❺ 3의 배수: □, □, □, □, □, □, □, □, □ ……

4의 배수: □, □, □, □, □, □ ……

➡ 3과 4의 공배수: ________

공배수 중 가장 작은 수가 최소공배수예요.

배수를 보고 공배수를 가장 작은 수부터 차례대로 2개 쓰고, 최소공배수를 구하세요.

1.
   - 9의 배수: 9, 18, 27, 36 ……
   - 3의 배수: 3, 6, 9, 12, 18 ……

   ➡ 9와 3의 공배수: ______ 가장 작은(小) 공배수 ➡ 최소공배수: ______

2.
   - 3의 배수: 3, 6, 9, 12, 15, 18 ……
   - 2의 배수: 2, 4, 6, 8, 10, 12 ……

   ➡ 3과 2의 공배수: ______ ➡ 최소공배수: ______

3.
   - 11의 배수: 11, 22, 33, 44 ……
   - 22의 배수: 22, 44, 66 ……

   ➡ 11과 22의 공배수: ______ ➡ 최소공배수: ______

4.
   - 5의 배수: 5, 10, 15, 20, 25 ……
   - 10의 배수: 10, 20, 30 ……

   ➡ 5와 10의 공배수: ______ ➡ 최소공배수: ______

5.
   - 5의 배수: 5, 10, 15, 20, 25, 30, 35, 40 ……
   - 4의 배수: 4, 8, 12, 16, 20, 24, 28, 32, 36, 40 ……

   ➡ 5와 4의 공배수: ______ ➡ 최소공배수: ______

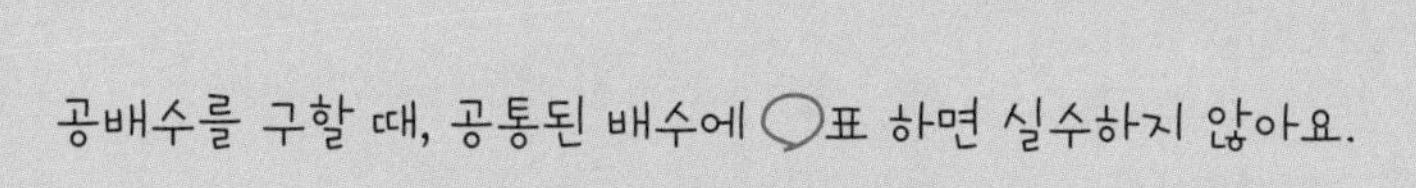

🐾 두 수의 공배수를 가장 작은 수부터 차례대로 2개 구하고, 최소공배수를 구하세요.

❶ 8의 배수: 8, 16, (24), 32, 40, (48) ……

6의 배수: 6, 12, 18, (24), 30, 36, 42, (48) ……

➡ 8과 6의 공배수: 24, 48 ➡ 최소공배수: 24

공통된 배수에 ○표 해 빠짐없이 구해 봐요.

❷ 2의 배수:

8의 배수:

➡ 2와 8의 공배수: ______ ➡ 최소공배수: ______

❸ 3의 배수:

5의 배수:

➡ 3과 5의 공배수: ______ ➡ 최소공배수: ______

❹ 9의 배수:

6의 배수:

➡ 9와 6의 공배수: ______ ➡ 최소공배수: ______

❺ 10의 배수:

30의 배수:

➡ 10과 30의 공배수: ______ ➡ 최소공배수: ______

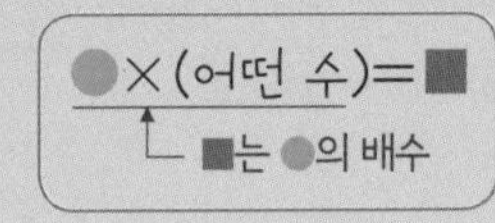

➡ ●와 ■의 공배수: ■의 배수

➡ ●와 ■의 최소공배수: ■

🐾 두 수의 공배수를 가장 작은 수부터 차례대로 2개 구하고, 최소공배수를 구하세요.

❶ 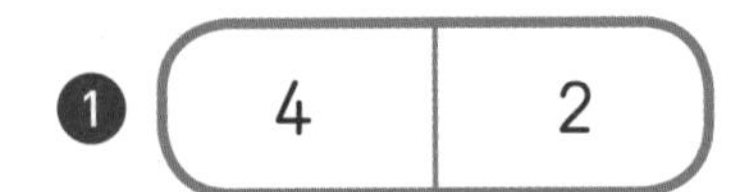

➡ 공배수: ____________

➡ 최소공배수: ____________

❷ 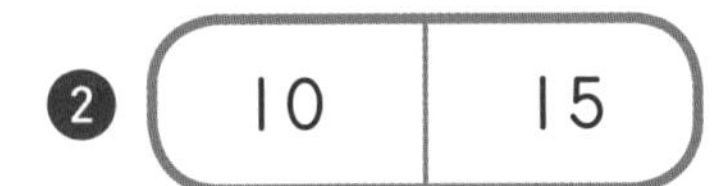

➡ 공배수: ____________

➡ 최소공배수: ____________

❸ 7 | 14

➡ 공배수: ____________

➡ 최소공배수: ____________

❹ 5 | 2

➡ 공배수: ____________

➡ 최소공배수: ____________

❺ 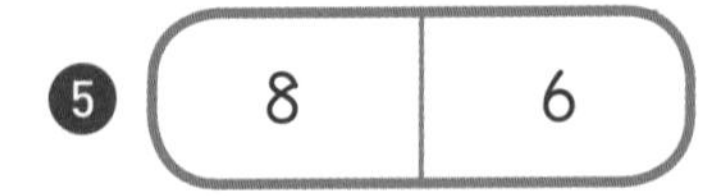

➡ 공배수: ____________

➡ 최소공배수: ____________

❻ 12 | 8

➡ 공배수: ____________

➡ 최소공배수: ____________

❼ 15 | 9

➡ 공배수: ____________

➡ 최소공배수: ____________

도전! 땅 짚고 헤엄치는 **문장제**

쉬운 문장제로 연산의 기본 개념을 익혀 봐요!

다음 문장을 읽고 문제를 풀어 보세요.

❶ 4의 배수도 되고, 5의 배수도 되는 수를 가장 작은 수부터 차례대로 2개 구하세요.

____

4의 배수도 되고,
5의 배수도 되는 수는
4와 5의 공배수예요.

❷ 12와 18의 공배수 중에서 가장 작은 수를 구하세요.

____

❸ 40보다 작은 수 중에서 4의 배수이면서 6의 배수인 수는 모두 몇 개일까요?

____

❹ 어떤 수는 9로 나누어도, 7로 나누어도 나누어떨어집니다. 어떤 수 중 가장 작은 수를 구하세요.

____

●가 어떤 수일 때,
●÷9
●÷7 이 나누어떨어지면
●는 9와 7의 공배수예요.

❺ 어떤 수는 4로 나누어도, 10으로 나누어도 나누어떨어집니다. 어떤 수 중 가장 작은 수를 구하세요.

____

❶ 4의 배수도 되고, 5의 배수도 되는 수는 4와 5의 공배수예요.
❷ 가장 작은 공배수는 최소공배수예요.
❹ '어떤 수가 9로 나누어떨어진다'는 것은 어떤 수가 9의 배수임을 말해요. 즉, 어떤 수는 9와 7의 공배수예요.

곱셈으로 최대공약수와 최소공배수를 구해

✪ 주어진 수를 여러 수의 곱으로 나타내기

더 이상 나누어지지 않는 여러 수의 곱으로 나타냅니다.

$12=2\times 6$, $6 = 2\times 3$ ➡ $12=2\times 2\times 3$

더 이상 나누어지지 않는 수의 약수는 1과 자기 자신뿐이에요.

✪ 최대(大)공약수와 최소(小)공배수 구하기

• 12와 20의 최대공약수 구하기

$12=2\times 2\times 3$
$20=2\times 2\times 5$

➡ 최대공약수: 2×2 (공통된 수)

두 수에 공통으로 들어 있는 수의 곱이 두 수의 최대공약수가 됩니다.

• 12와 20의 최소공배수 구하기

$12=2\times 2\times 3$
$20=2\times 2\times 5$

➡ 최소공배수: $2\times 2\times 3\times 5$ (공통된 수×남은 수)

두 수에 공통으로 들어 있는 수의 곱과 남은 수를 모두 곱한 값이 두 수의 최소공배수가 됩니다.

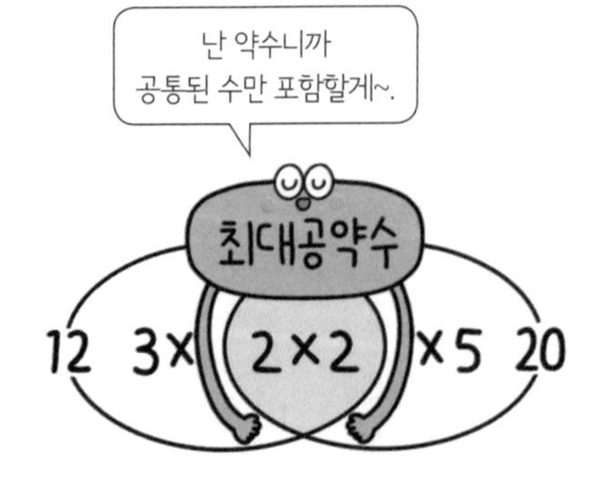

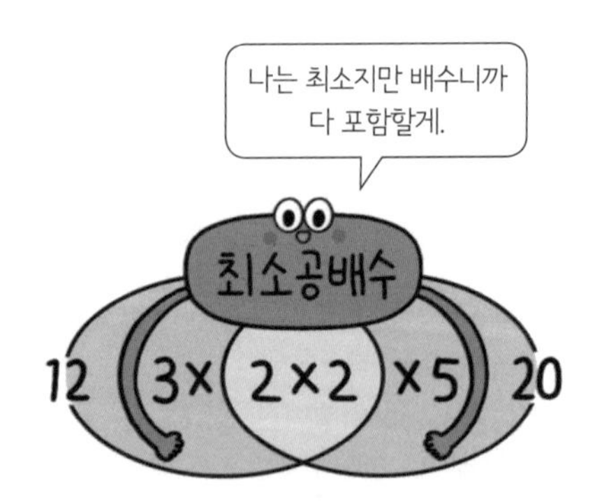

약수가 1과 자기 자신뿐인 여러 수의 곱으로 나타내요.

□ 안에 알맞은 수를 써넣어 여러 수의 곱으로 나타내세요.

❶ $8=2\times4$

2×2

➡ $8=2\times2\times2$

❷ $20=2\times10$

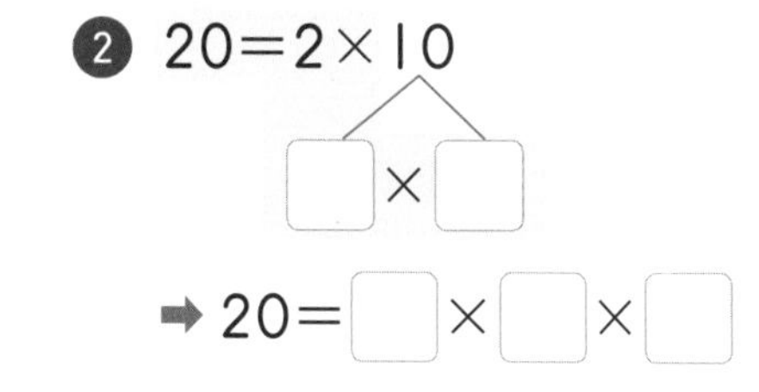

➡ $20=\square\times\square\times\square$

❸ $18=2\times9$

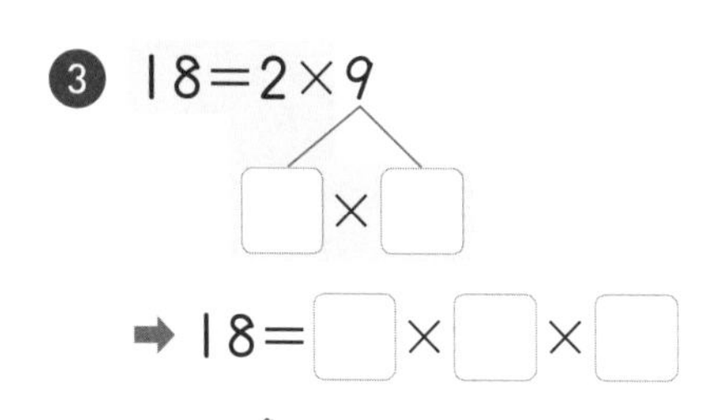

➡ $18=\square\times\square\times\square$

❹ $30=2\times15$

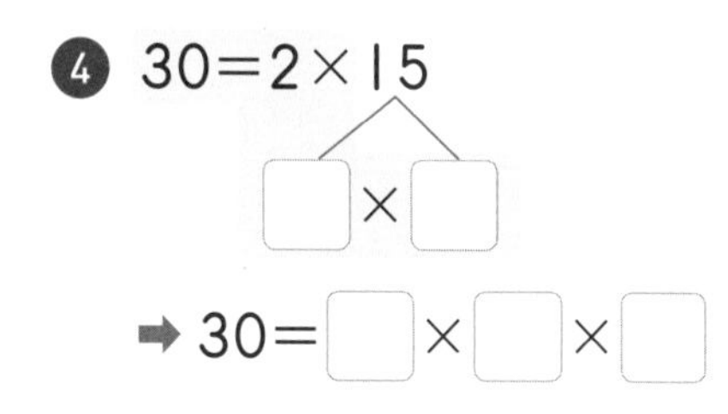

➡ $30=\square\times\square\times\square$

❺ $27=3\times9$

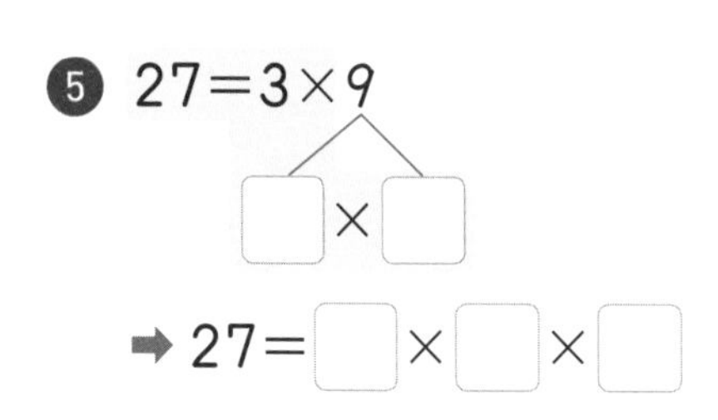

➡ $27=\square\times\square\times\square$

❻ $42=2\times21$

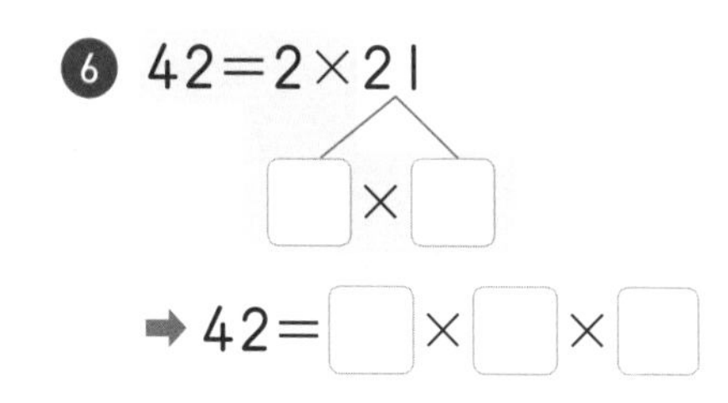

➡ $42=\square\times\square\times\square$

더 이상 나누어지지 않는
여러 수의 곱으로 나타냈어.

더 이상 나누어지지 않는 수는
약수가 1과 자기 자신뿐인 수야.

최대공약수는 두 수의 곱셈식에서 같은 식을 찾으면 돼요.

주어진 수를 여러 수의 곱으로 나타내고, 최대공약수를 곱셈식으로 구하세요.

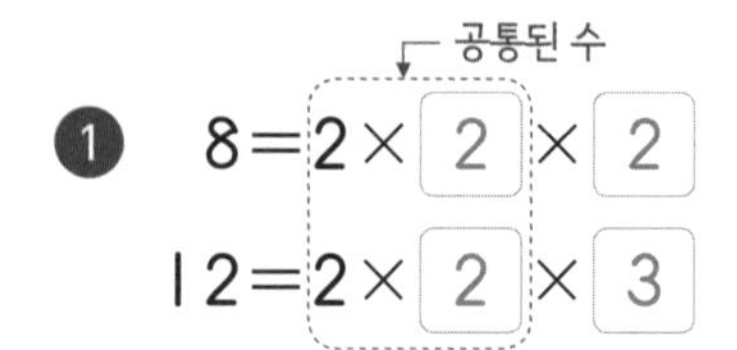

① 8=2×2×2

12=2×2×3

➡ 최대공약수: 2×2=4

② 14=2×☐

42=2×☐×☐

➡ 최대공약수: ______

③ 20=2×2×5

16=2×2×2×2

➡ 최대공약수: ______

④ 18=

30=

➡ 최대공약수: ______

⑤ 27=

45=

➡ 최대공약수: ______

⑥ 15=

60=

➡ 최대공약수: ______

⑦ 40=

50=

➡ 최대공약수: ______

⑧ 98=

49=

➡ 최대공약수: ______

최소공배수는 최대공약수에 남은 수를 곱해서 구해요.
└ 공통된 수의 곱

주어진 수를 여러 수의 곱으로 나타내고, 최소공배수를 곱셈식으로 구하세요.

❶ 공통된 수

$6=2\times$ [3] ← 남은 수

$10=2\times$ [5]

➡ 최소공배수: $2\times3\times5=30$

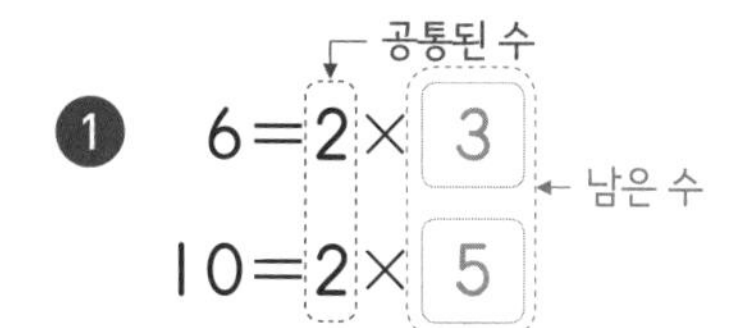

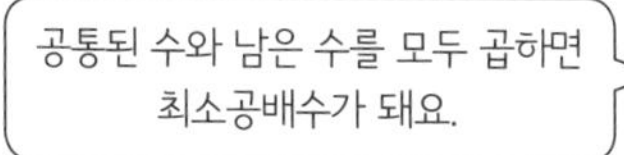

❷ $14=2\times$ ☐

$21=$ ☐ $\times$ ☐

➡ 최소공배수:

❸ $15=3\times5$

$75=3\times5\times5$

➡ 최소공배수:

❹ $9=$

$63=$

➡ 최소공배수:

❺ $22=$

$33=$

➡ 최소공배수:

❻ $27=$

$18=$

➡ 최소공배수:

❼ $30=$

$70=$

➡ 최소공배수:

❽ $63=$

$42=$

➡ 최소공배수:

최대공약수와 최소공배수를 함께 구할 때,
최대공약수를 먼저 구한 다음
최대공약수에 나머지 수를 곱해 최소공배수를 구해요.

주어진 수를 여러 수의 곱으로 나타내고, 최대공약수와 최소공배수를 구하세요.

❶ $4=2\times2$

$9=3\times3$

➡ 최대공약수: ________

➡ 최소공배수: ________

공약수가 1뿐일 때,
두 수의 최소공배수는 두 수의 곱이에요.

공약수는 '1'
뿐이에요.

❷ $24=$

$8=$

➡ 최대공약수: ________

➡ 최소공배수: ________

❸ $12=$

$60=$

➡ 최대공약수: ________

➡ 최소공배수: ________

❹ $18=$

$30=$

➡ 최대공약수: ________

➡ 최소공배수: ________

❺ $75=$

$25=$

➡ 최대공약수: ________

➡ 최소공배수: ________

❻ $20=$

$45=$

➡ 최대공약수: ________

➡ 최소공배수: ________

❼ $63=$

$27=$

➡ 최대공약수: ________

➡ 최소공배수: ________

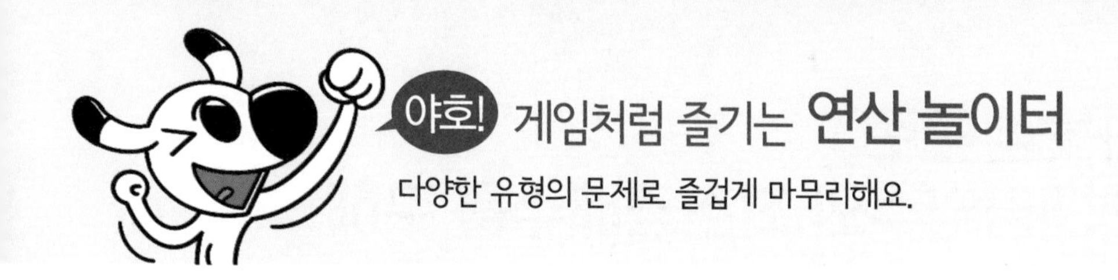

사다리를 타고 내려가 만나는 곳에 두 수의 최소공배수를 쓰세요.

나눗셈으로 최대공약수와 최소공배수를 구해

거꾸로 된 나눗셈으로 나타내기

$$\begin{array}{r|rr} & 12 & 20 \end{array} \Rightarrow \begin{array}{r|rr} 2 & 12 & 20 \\ \hline & 6 & 10 \end{array} \Rightarrow \begin{array}{r|rr} 2 & 12 & 20 \\ \hline 2 & 6 & 10 \\ \hline & 3 & 5 \end{array}$$

거꾸로 된 나눗셈

몫

12와 20의 공약수

더 이상 나눌 수 없어요.

❶ 나눗셈을 거꾸로 씁니다.

❷ 두 수를 1이 아닌 공약수로 나눕니다.

이때 나누는 수는 공약수로)____의 왼쪽에, 몫은)____의 아래에 씁니다.

❸ 1이 아닌 공약수가 없을 때까지 나눕니다.

최대(大)공약수와 최소(小)공배수 구하기

• 12와 20의 **최대공약수** 구하기

$$\begin{array}{r|rr} 2 & 12 & 20 \\ \hline 2 & 6 & 10 \\ \hline & 3 & 5 \end{array}$$

최대공약수: 2×2

나눈 공약수들을 모두 곱합니다.

• 12와 20의 **최소공배수** 구하기

$$\begin{array}{r|rr} 2 & 12 & 20 \\ \hline 2 & 6 & 10 \\ \hline & 3 & 5 \end{array}$$

최소공배수: $2\times2\times3\times5$

나눈 공약수와 가장 아래의 몫을 모두 곱합니다.

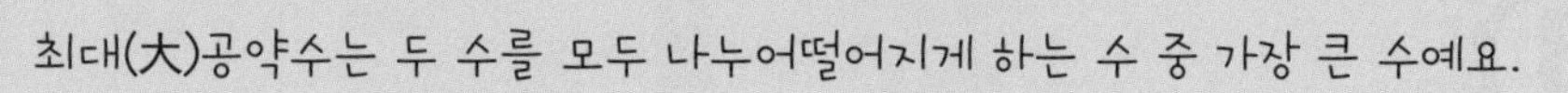

□ 안에 알맞은 수를 써넣어 최대공약수 또는 최소공배수를 구하세요.

❶ 3) 9 15
□ □
➡ 9와 15의 최대공약수: □

❷ □) 30 20
□) 15 10
□ □
➡ 30과 20의 최대공약수: □ × □ = □

❸ □) 15 30
□) 5 □
□ □
➡ 15와 30의 최대공약수: □ × □ = □

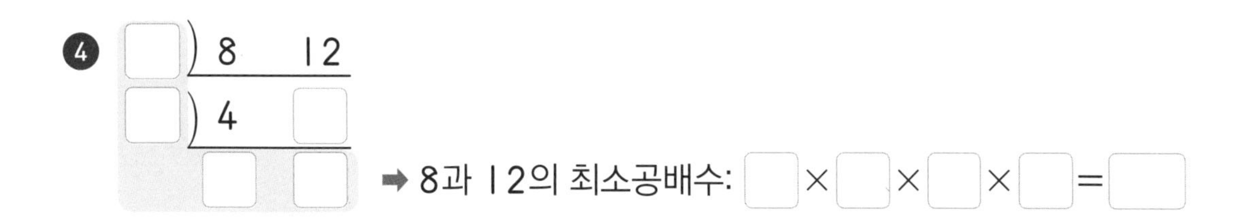

❹ □) 8 12
□) 4 □
□ □
➡ 8과 12의 최소공배수: □ × □ × □ × □ = □

❺ □) 16 20
□) 8 □
□ □
➡ 16과 20의 최소공배수: □ × □ × □ × □ = □

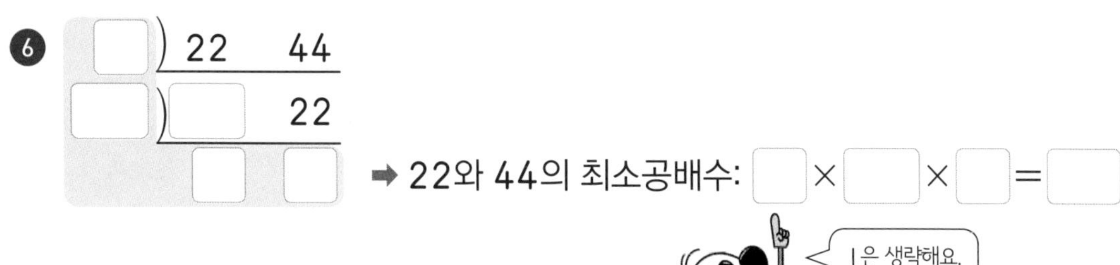

❻ □) 22 44
□) □ 22
□ □
➡ 22와 44의 최소공배수: □ × □ × □ = □

두 수를 동시에 나눌 수 있는 수로 나누어요.

나눗셈을 이용하여 최대공약수를 구하세요.

두 수를 나눈 공약수의 곱이 최대공약수예요.

2)	18	24
3)	9	12
	3	4

❶) 15 24

➡

❷) 16 18

➡

❸) 20 42

➡

❹) 45 30

➡

❺) 24 36

➡

❻) 40 50

➡

❼) 64 72

➡

2) 10　20
5) 5　10
　 1　2

두 수가 약수와 배수의 관계이면 두 수 중 큰 수가 최소공배수가 돼요.
➡ 10과 20의 최소공배수: 20

나눗셈을 이용하여 최소공배수를 구하세요.

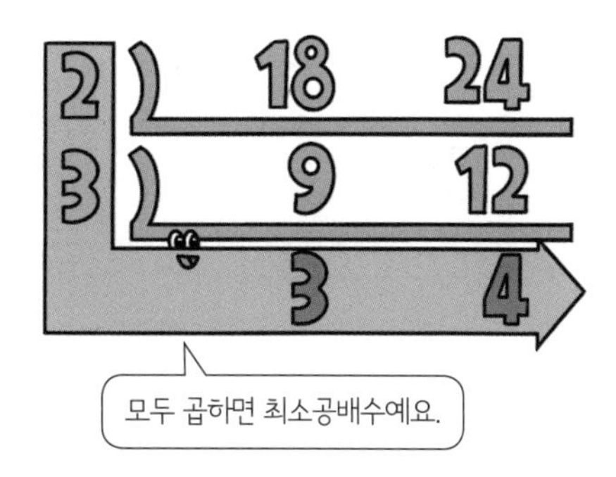

❶) 7　21

➡

❷) 10　15

➡

❸) 9　39

➡

❹) 20　14

➡

❺) 18　24

➡

❻) 42　21

➡

❼) 20　36

➡

두 수의 최대공약수와 최소공배수를 구할 땐,
1이 아닌 공약수로 나눌 수 있을 때까지 계속 나누어야 해요.

나눗셈을 이용하여 두 수의 최대공약수와 최소공배수를 구하세요.

❶ 3) 9　63
3) 3　21
　　1　7

9) 9　63
　　1　7
큰 수로 나누어 더 빠르게 구할 수 있어요.

➡ 최대공약수:
➡ 최소공배수:

❷) 18　15

➡ 최대공약수:
➡ 최소공배수:

❸) 14　42

➡ 최대공약수:
➡ 최소공배수:

❹) 8　32

➡ 최대공약수:
➡ 최소공배수:

❺) 49　98

➡ 최대공약수:
➡ 최소공배수:

❻) 28　32

➡ 최대공약수:
➡ 최소공배수:

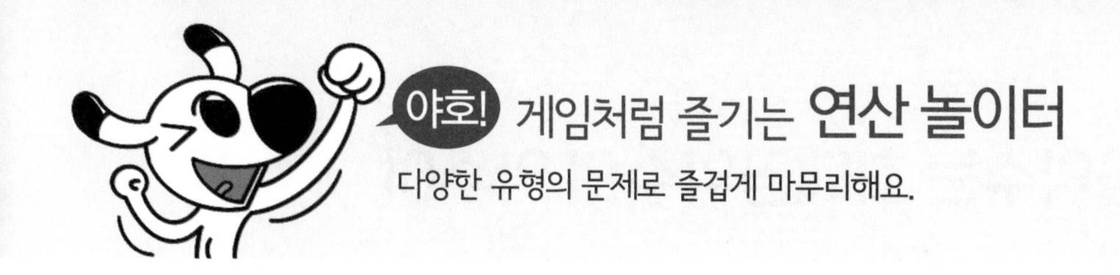

🐾 두 수의 최대공약수와 최소공배수를 찾아 선으로 이어 보세요.

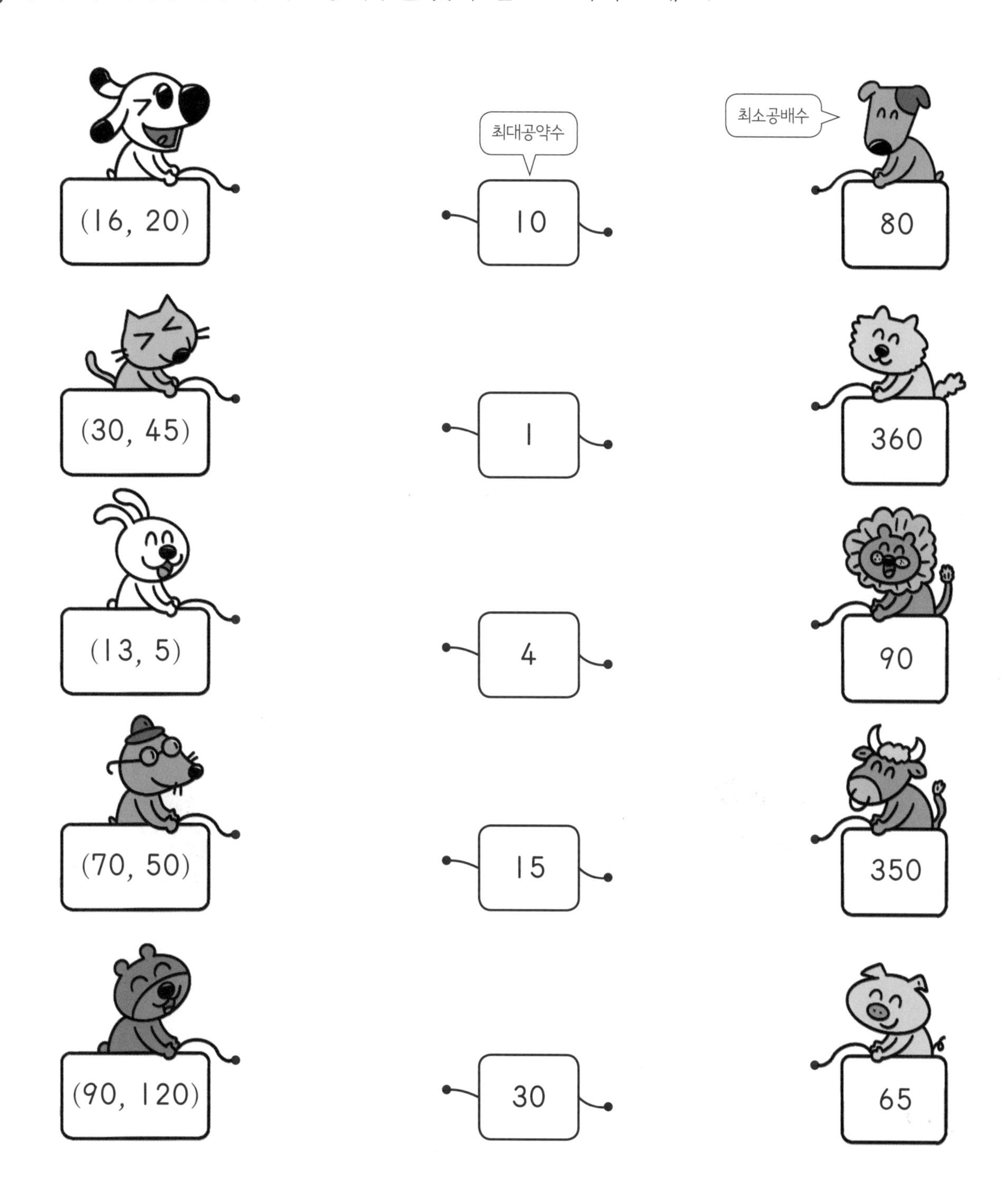

공약수는 최대공약수의 약수야

✪ 공약수와 최대공약수의 관계

8과 12의 공약수

8의 약수:	1	2		4		8	
12의 약수:	1	2	3	4	6		12
공약수:	1	2		4			

=

8과 12의 최대공약수의 약수

$$\begin{array}{r|rr} 2 & 8 & 12 \\ \hline 2 & 4 & 6 \\ \hline & 2 & 3 \end{array}$$

$2 \times 2 = 4$

최대공약수 4의 약수: 1, 2, 4

(공약수)=(최대공약수의 약수)

➡ 8과 12의 공약수는 1, 2, 4 입니다.

➡ 8과 12의 최대공약수는 4 입니다.

➡ 최대공약수 4 의 약수는 1, 2, 4 입니다.

잠깐! 퀴즈

• 알맞은 수에 ○표 하세요.

공약수는 (최대공약수의 약수 , 최소공배수의 배수)와 같습니다.

정답 최대공약수의 약수에 ○표

최대공약수의 약수는 최대공약수를 나누어떨어지게 하는 수예요.

□ 안에 알맞은 수를 써넣으세요.

❶ 24와 30의 공약수: □, □, □, □

24와 30의 최대공약수: □

24와 30의 최대공약수의 약수: □, □, □, □

(공약수)=(최대공약수의 약수)

❷ 9와 18의 공약수: □, □, □

9와 18의 최대공약수: □

9와 18의 최대공약수의 약수: □, □, □

❸ 21과 42의 공약수: □, □, □, □

21과 42의 최대공약수: □

21과 42의 최대공약수의 약수: □, □, □, □

❹ 45와 60의 공약수: □, □, □, □

45와 60의 최대공약수: □

45와 60의 최대공약수의 약수: □, □, □, □

❺ 50과 30의 공약수: □, □, □, □

50과 30의 최대공약수: □

50과 30의 최대공약수의 약수: □, □, □, □

B (최대공약수의 약수)=(공약수)

나눗셈으로 최대공약수를 구해 최대공약수의 약수와 공약수를 구하세요.

	최대공약수	최대공약수의 약수	공약수
❶ $\begin{array}{r\|rr} 7 & 7 & 28 \\ \hline & 1 & 4 \end{array}$	7	1, 7	1, 7
❷ $\begin{array}{r\|rr} & 15 & 18 \\ \hline \end{array}$			
❸ $\begin{array}{r\|rr} & 20 & 28 \\ \hline \end{array}$			
❹ $\begin{array}{r\|rr} & 36 & 44 \\ \hline \end{array}$			
❺ $\begin{array}{r\|rr} & 60 & 105 \\ \hline \end{array}$			

최대공약수의 약수는 공약수와 같아요!

도전! 땅 짚고 헤엄치는 문장제

쉬운 문장제로 연산의 기본 개념을 익혀 봐요!

다음 문장을 읽고 문제를 풀어 보세요.

❶ 12와 30의 최대공약수가 6일 때, 두 수의 공약수를 구하세요.

(두 수의 공약수)
= (두 수의 최대공약수의 약수)

❷ 24와 40의 최대공약수가 8일 때, 두 수의 공약수를 구하세요.

❸ 35와 70의 최대공약수가 35일 때, 두 수의 공약수의 개수를 구하세요.

❹ 어떤 두 수의 최대공약수가 15일 때, 두 수의 공약수를 구하세요.

두 수를 알지 못해도
두 수의 최대공약수로
공약수를 구할 수 있어요!

❺ 어떤 두 수의 최대공약수가 16일 때, 두 수의 공약수를 구하세요.

❶ 두 수의 공약수는 두 수의 최대공약수의 약수와 같아요.
❹ 최대공약수를 알고 있으면 어떤 두 수를 알지 못해도 두 수의 공약수를 구할 수 있어요.

공배수는 최소공배수의 배수야

✪ 공배수와 최소공배수의 관계

8과 12의 **공배수**

8의 배수:	8		16	**24**	32		40	**48**	56		64	**72** ……
12의 배수:		12		**24**		36		**48**		60		**72** ……
공배수:				**24**				**48**				**72** ……

‖

8과 12의 **최소공배수**의 **배수**

$$\begin{array}{r|rr} 2 & 8 & 12 \\ \hline 2 & 4 & 6 \\ \hline & 2 & 3 \end{array}$$

$2 \times 2 \times 2 \times 3 = 24$ ← 최소공배수

최소공배수 **24**의 배수: **24, 48, 72** ……

(공배수)=(최소공배수의 배수)

➡ 8과 12의 공배수는 24, 48, 72 …… 입니다.

➡ 8과 12의 최소공배수는 24 입니다.

➡ 최소공배수 24 의 배수는 24, 48, 72 …… 입니다.

잠깐! 퀴즈

• 알맞은 말에 ○표 하세요.

공배수는 (최대공약수의 약수 , 최소공배수의 배수)와 같습니다.

정답 최소공배수의 배수에 ○표

최소공배수의 배수는 최소공배수를 1배, 2배, 3배 …… 한 수예요.

□ 안에 알맞은 수를 써넣으세요.

❶ 6과 10의 공배수: 30, 60, 90 ……

6과 10의 최소공배수: 30

6과 10의 최소공배수의 배수: 30, 60, 90 ……

(공배수) = (최소공배수의 배수)

❷ 6과 8의 공배수: □, □, □ ……

6과 8의 최소공배수: □

6과 8의 최소공배수의 배수: □, □, □ ……

배수는 가장 작은 수부터 차례대로 써요.

❸ 7과 14의 공배수: □, □, □ ……

7과 14의 최소공배수: □

7과 14의 최소공배수의 배수: □, □, □ ……

❹ 9와 12의 공배수: □, □, □ ……

9와 12의 최소공배수: □

9와 12의 최소공배수의 배수: □, □, □ ……

❺ 35와 70의 공배수: □, □, □ ……

35와 70의 최소공배수: □

35와 70의 최소공배수의 배수: □, □, □ ……

나눗셈으로 최소공배수를 구해 최소공배수의 배수와 공배수를 구하세요.

가장 작은 수부터 차례대로 3개씩 구해요.

	최소공배수	최소공배수의 배수	공배수
❶ 5) 5 10 / 1 2	10	10, 20, 30	10, 20, 30
❷) 20 30			
❸) 8 14			
❹) 50 25			
❺) 16 40			

최소공배수의 배수는 공배수와 같아요!

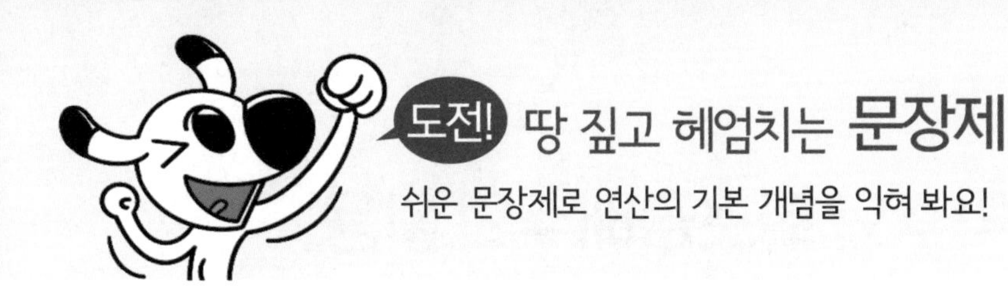

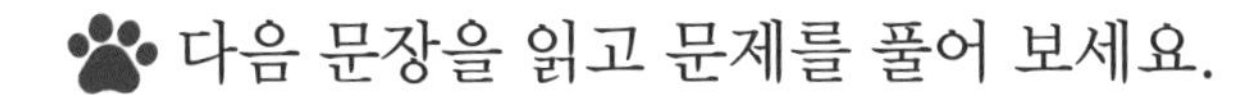

다음 문장을 읽고 문제를 풀어 보세요.

❶ 12와 15의 최소공배수가 60일 때, 두 수의 공배수를 가장 작은 수부터 차례대로 3개 구하세요.

(두 수의 공배수)
= (두 수의 최소공배수의 배수)

____

❷ 8과 24의 최소공배수가 24일 때, 두 수의 공배수를 가장 작은 수부터 차례대로 3개 구하세요.

____

❸ 어떤 두 수의 최소공배수가 45일 때, 두 수의 공배수를 가장 작은 수부터 차례대로 3개 구하세요.

____

❹ 3과 7의 최소공배수가 21일 때, 두 수의 공배수 중 100에 가장 가까운 수를 구하세요.

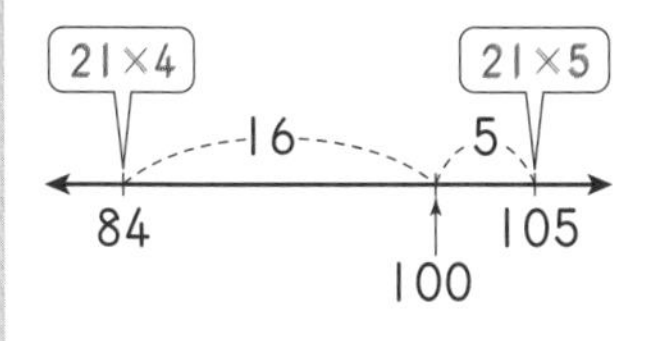

____

❺ 어떤 두 수의 최소공배수가 33일 때, 두 수의 공배수 중 100에 가장 가까운 수를 구하세요.

____

❶ 두 수의 공배수는 두 수의 최소공배수의 배수와 같아요.
❸ 최소공배수를 알고 있으면 어떤 두 수를 알지 못해도 두 수의 공배수를 구할 수 있어요.
❹ 배수 중 100에 가장 가까운 수는 100과 배수의 차가 가장 작은 수예요.

도전! 최대공약수와 최소공배수의 활용

✪ 최대공약수로 구하는 문제

• 직사각형 모양의 종이를 크기가 같은 가장 큰 정사각형 모양으로 자르기

직사각형 두 변의 길이의 최대공약수를 한 변의 길이로 하는 정사각형이 됩니다.

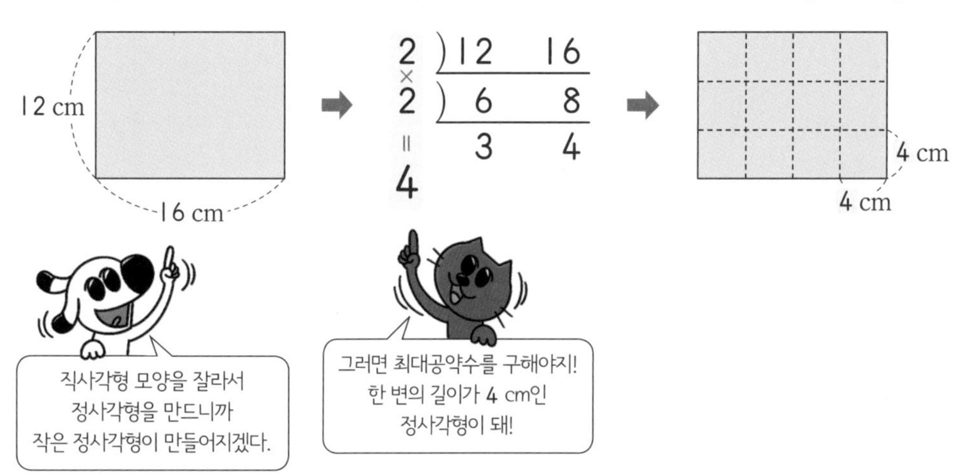

✪ 최소공배수로 구하는 문제

• 직사각형 모양의 종이를 이어 붙여 가장 작은 정사각형 만들기

직사각형 두 변의 길이의 최소공배수를 한 변의 길이로 하는 정사각형이 됩니다.

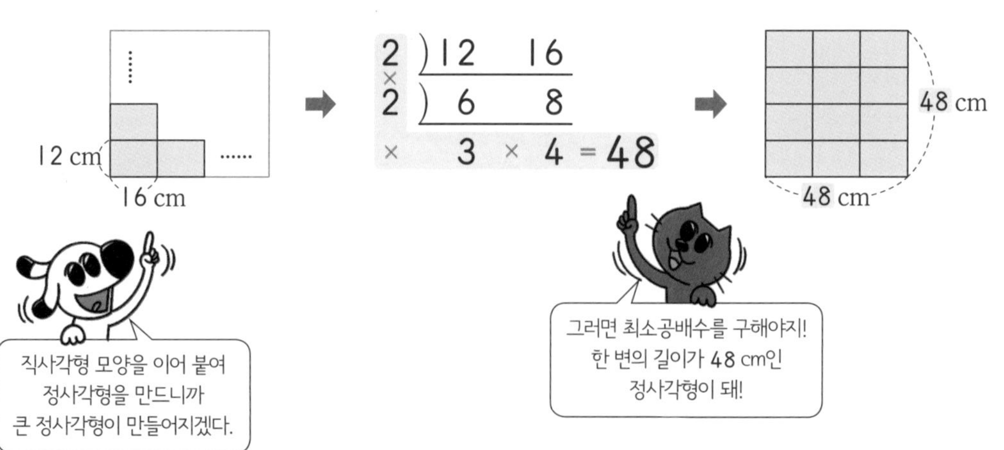

문장 속에 가능한 많이~, 최대한~, 가장 큰~이 있으면
최대공약수를 활용한 문제예요.

주어진 직사각형 모양의 종이를 크기가 같은 정사각형 모양으로 남는 부분 없이 자르려고 합니다. 자를 수 있는 가장 큰 정사각형의 한 변의 길이는 몇 cm인지 구하세요.

❶

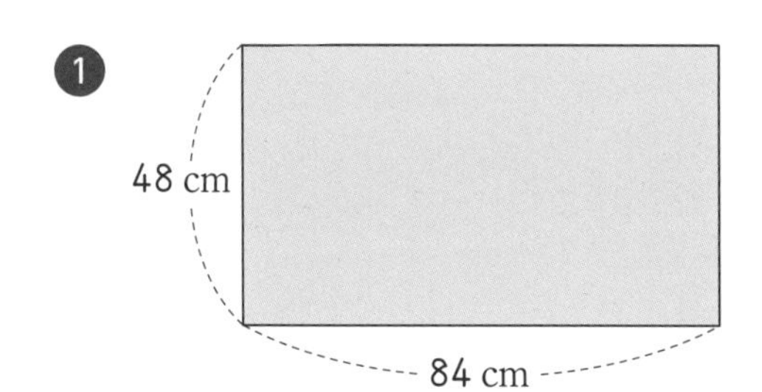

2) 48 84
×
2) 24 42
×
3) 12 21
 4 7

➡ 한 변의 길이: 12 cm

❷

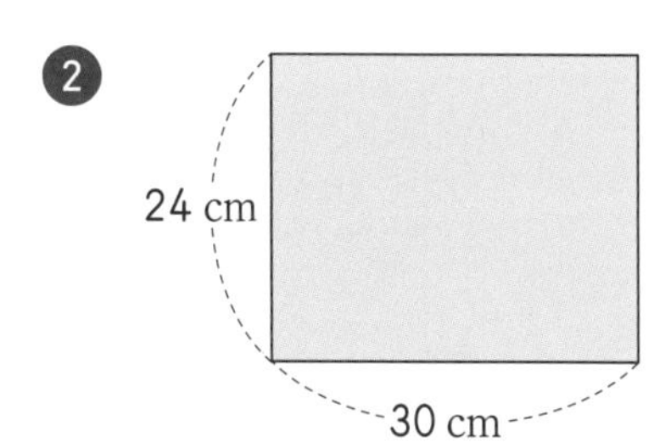

2) 24 30
) 12 15

➡ 한 변의 길이:

❸

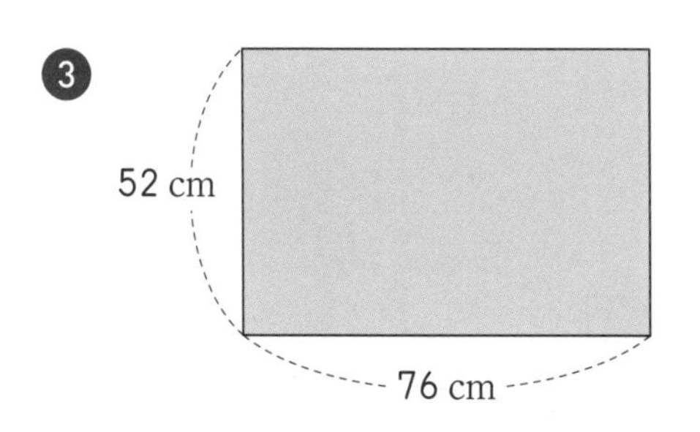

➡ 한 변의 길이:

❹

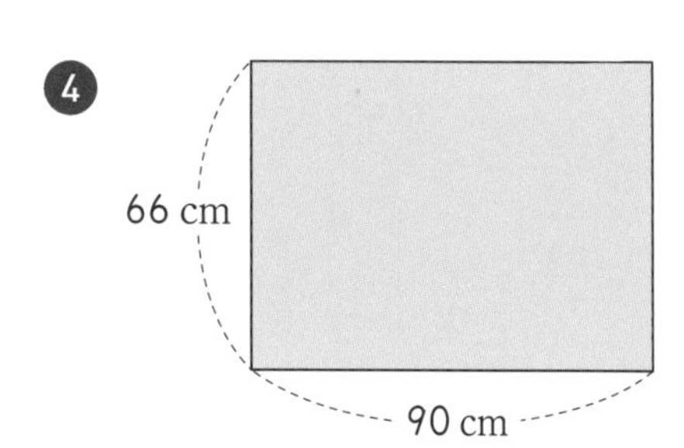

➡ 한 변의 길이:

문장 속에 가장 작은~, 동시에~가 있으면 최소공배수를 활용한 문제예요.

🐾 주어진 직사각형 모양의 종이를 이어 붙여 정사각형을 만들려고 합니다. 만들 수 있는 가장 작은 정사각형의 한 변의 길이는 몇 cm인지 구하세요.

❶

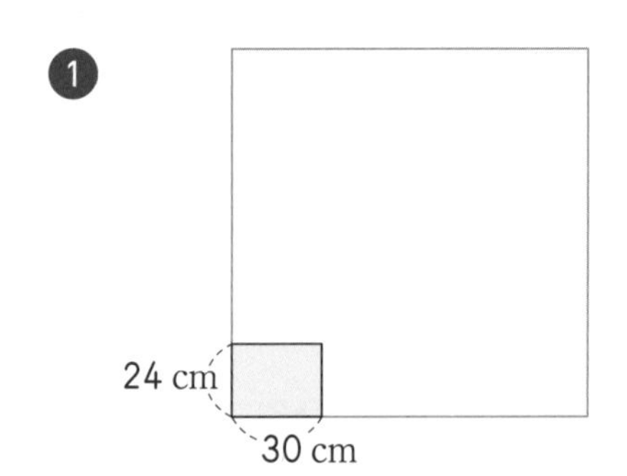

2) 24 30
3) 12 15
× 4 × 5

➡ 한 변의 길이: 120 cm

❷

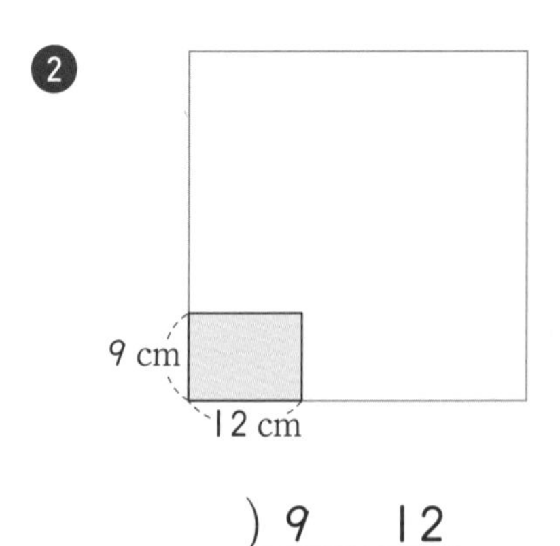

➡ 한 변의 길이: ______

❸

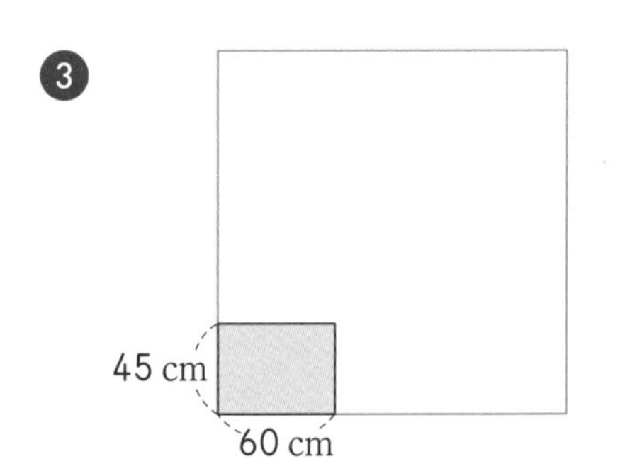

➡ 한 변의 길이: ______

❹

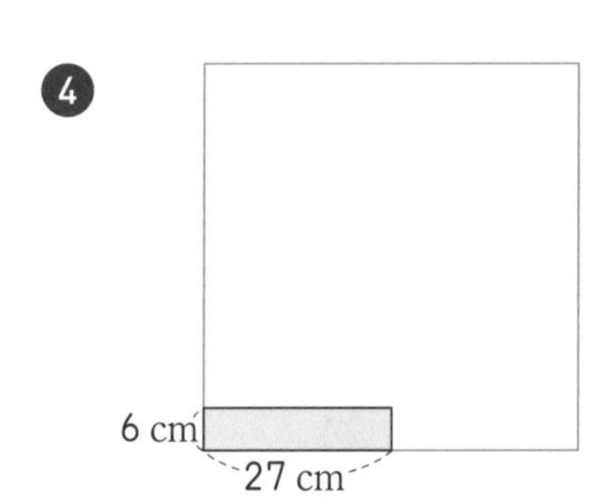

➡ 한 변의 길이: ______

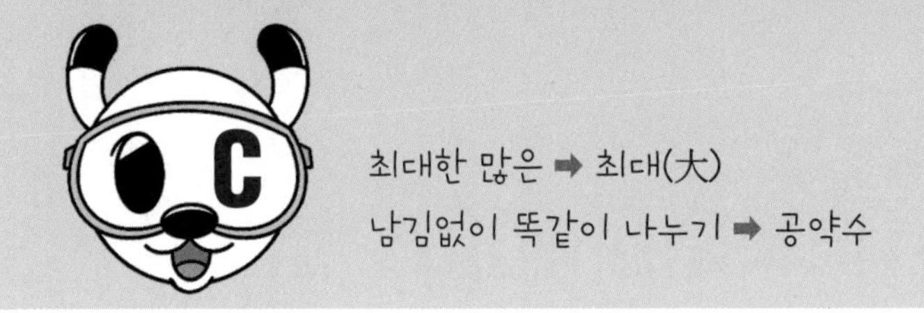

주어진 연필과 지우개를 최대한 많은 학생에게 남김없이 똑같이 나누어 주려고 합니다. 몇 명의 학생에게 나누어 줄 수 있는지 구하세요.

❶

최대한 많은 학생에게 남김없이 똑같이 나누다. ➡ 최대공약수
(최대한 많은 → 최대, 남김없이 똑같이 나누다 → 공약수)

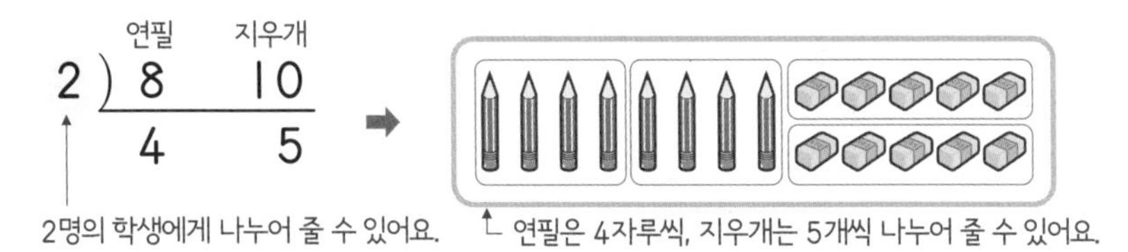

2명

❷

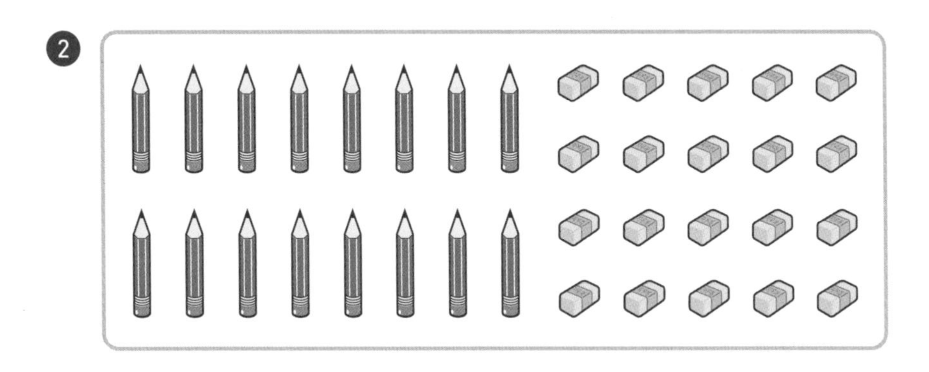

❸

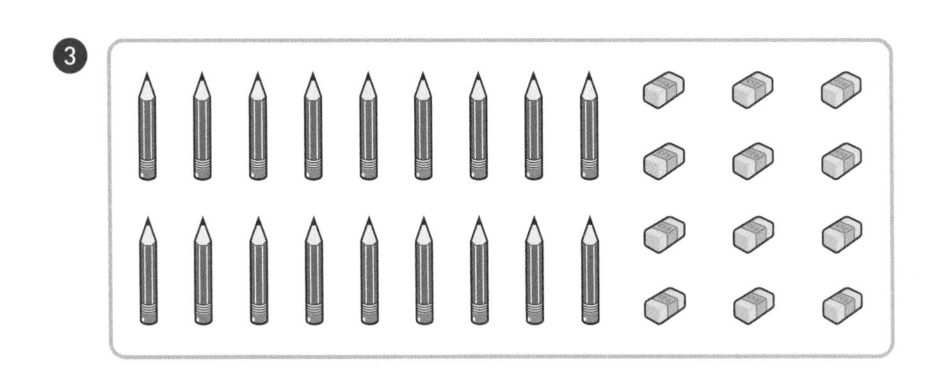

동시에 출발하는 시간은 공배수를 구하고,
처음으로 동시에 출발하는 시간은 최소공배수를 구해요.

주어진 시간표를 보고 두 버스 모두 1시에 출발한 후 처음으로 동시에 출발하는 시각을 구하세요.

❶

부산행: 10분마다 출발
광주행: 15분마다 출발

처음으로 동시에 출발하는 시간 ➡ 최소공배수
(처음으로: 최소, 동시에 출발하는 시간: 공배수)

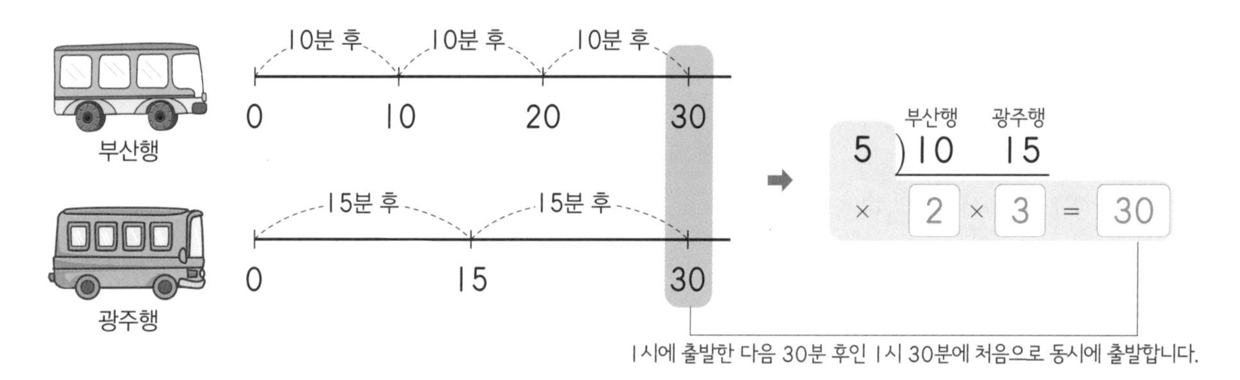

1시 30분

❷

대전행: 20분마다 출발
청주행: 15분마다 출발

❸

광주행: 15분마다 출발
속초행: 40분마다 출발

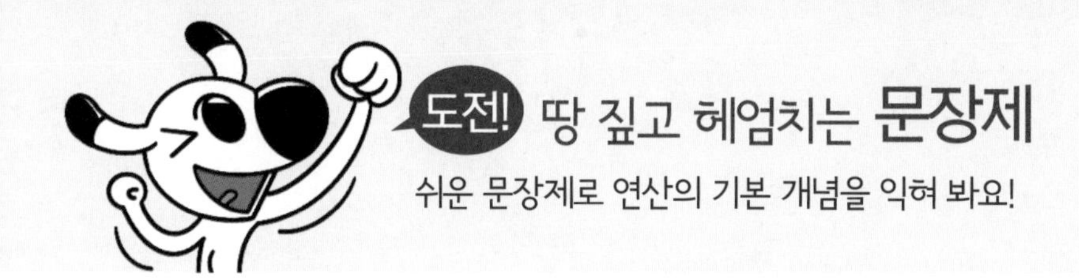

다음 문장을 읽고 문제를 풀어 보세요.

❶ 귤 27개와 딸기 36개를 최대한 많은 학생들에게 남김없이 똑같이 나누어 주려고 합니다. 몇 명에게 나누어 줄 수 있을까요?

______

– 나누어 개수가 줄어들 때
– 쪼개서 크기가 줄어들 때

❷ 사탕 42개와 초콜릿 49개를 최대한 많은 상자에 남김없이 똑같이 나누어 담으려고 합니다. 한 상자에 사탕과 초콜릿을 각각 몇 개씩 담아야 할까요?

사탕: ______, 초콜릿: ______

사탕 초콜릿
★)42 49
● ▲

★: 최대 상자 개수
●: 한 상자에 담으려는 사탕 개수
▲: 한 상자에 담으려는 초콜릿 개수

❸ 가로가 8 cm, 세로가 14 cm인 직사각형 모양의 종이를 겹치지 않게 이어 붙여 만들 수 있는 가장 작은 정사각형의 한 변의 길이는 몇 cm일까요?

______

– 시간이 지나면서 늘어날 때
– 붙이고 쌓아서 크기가 늘어날 때

❹ 주호는 4일마다, 윤지는 10일마다 운동합니다. 1월 1일에 주호와 윤지가 함께 운동했다면, 다음번에 두 사람이 동시에 운동하는 날은 몇 월 며칠일까요?

______

❶ '최대한(가장) 큰(많은)', '가능한 많이', '남김없이 똑같이 나누는'과 같은 말이 들어가면 최대공약수를 이용해요.

❸ '최대한(가장) 작은(적은)', '동시에', '일정한 간격(시간) 찾기'와 같은 말이 들어가면 최소공배수를 이용해요.

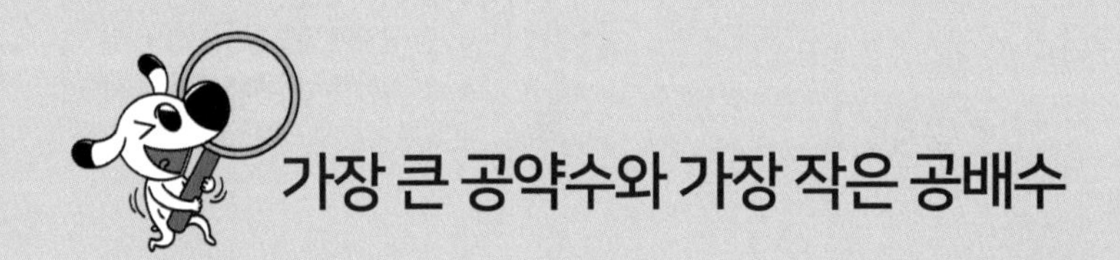

가장 큰 공약수와 가장 작은 공배수

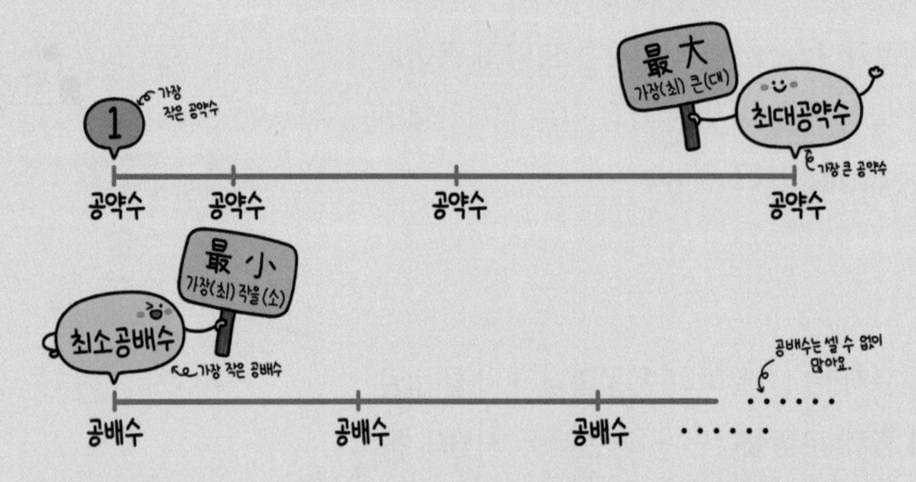

최대는 가장의 뜻인 '최'와 크다는 뜻인 '대'가 합쳐진 말로 '가장 큰'을 의미해요. 따라서 최대공약수는 가장 큰 공약수를 말해요. 반대로 최소는 가장의 뜻인 '최'와 작다는 뜻인 '소'가 합쳐진 말로 '가장 작은'을 의미하므로 최소공배수는 가장 작은 공배수를 말해요.

약수의 개수를 구할 수 있었던 것처럼 공약수 역시 개수를 구할 수 있고, 가장 작은 공약수는 1이에요. 배수의 개수를 구할 수 없는 것처럼 공배수도 개수를 구할 수 없어요.

셋째 마당

약분과 통분

셋째 마당에서는 공약수를 이용해 분수를 간단하게 만드는 '약분'과 공배수를 이용해 분수의 분모를 같게 만드는 '통분'을 배워요. 분모를 같게 통분하면 분수의 크기를 비교하기 쉽고, 분수끼리 더하거나 뺄 수 있어요.

공부할 내용!	완료	10일 진도	20일 진도
15 크기가 같은 분수는 셀 수 없이 많아	□	8일차	15일차
16 곱셈과 나눗셈으로 크기가 같은 분수를 만들어	□		16일차
17 약분하면 간단한 분수가 돼	□	9일차	17일차
18 통분하면 분모가 같아져	□		18일차
19 분수도 크기를 비교할 수 있어	□	10일차	19일차
20 도전! 세 수의 크기 비교도 방법은 같아	□		20일차

15 크기가 같은 분수는 셀 수 없이 많아

✪ 크기가 같은 분수

• 색칠한 부분의 크기로 알아보기

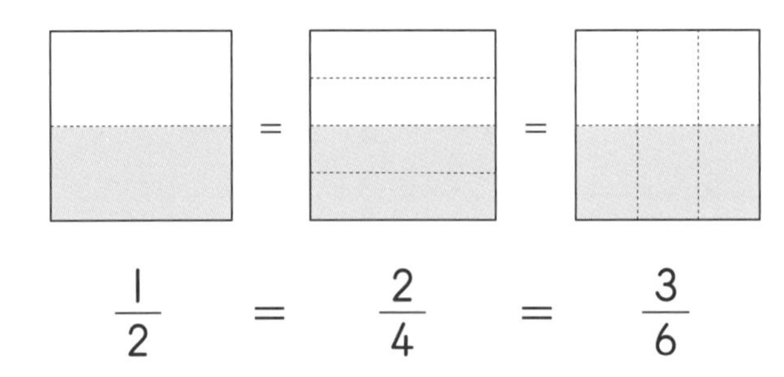

$\frac{1}{2} = \frac{2}{4} = \frac{3}{6}$

➡ 색칠한 부분의 크기가 같으므로 $\frac{1}{2}$, $\frac{2}{4}$, $\frac{3}{6}$의 크기는 모두 같습니다.

• 수직선의 길이로 알아보기

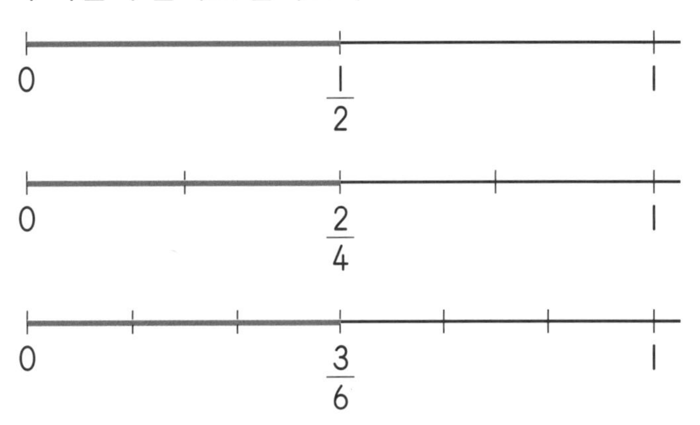

➡ 수직선의 길이가 같으므로 $\frac{1}{2}$, $\frac{2}{4}$, $\frac{3}{6}$의 크기는 모두 같습니다.

잠깐! 퀴즈

• 알맞은 말에 ○표 하세요.

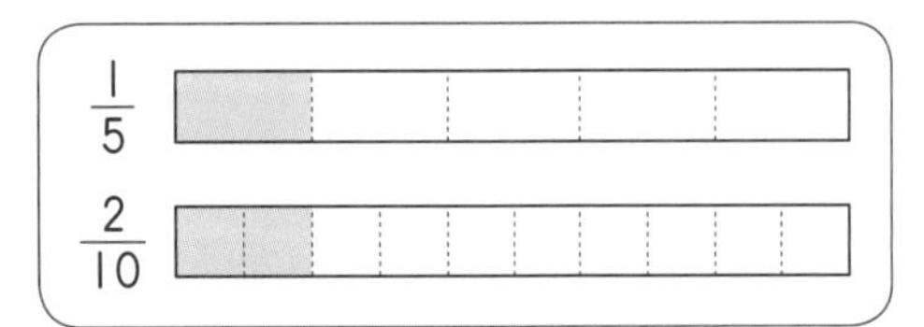

$\frac{1}{5}$과 $\frac{2}{10}$는 색칠한 부분의 크기가
(같으므로 , 다르므로)
크기가 (같은 , 다른) 분수입니다.

정답 같으므로, 같은에 ○표

색칠한 부분의 크기가 같으면 크기가 같은 분수예요.
전체 칸 수를 분모에, 색칠한 칸 수를 분자에 써요.

두 분수의 크기가 같게 색칠하고, □ 안에 알맞은 수를 써넣어 크기가 같은 분수를 만들어 보세요.

① $\frac{1}{3}$

$\frac{2}{6}$

분모와 분자의 숫자가 달라도 분수의 크기는 같을 수 있어요.

② $\frac{1}{4}$

$\frac{\square}{8}$

③ $\frac{2}{3}$

$\frac{\square}{9}$

④ $\frac{3}{4}$

$\frac{\square}{\square}$

⑤ $\frac{4}{6}$

$\frac{\square}{\square}$

칸을 몇 개로 나누었는지 확인하면 분모를 알 수 있어요.

⑥ $\frac{3}{6}$

$\frac{\square}{\square}$

⑦ $\frac{6}{8}$

$\frac{\square}{\square}$

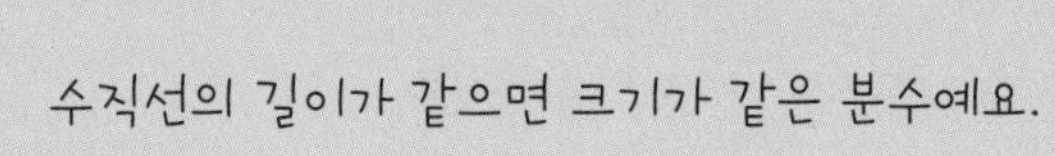

크기가 같은 분수가 되도록 수직선에 나타내고, □ 안에 알맞은 수를 써넣으세요.

❶ 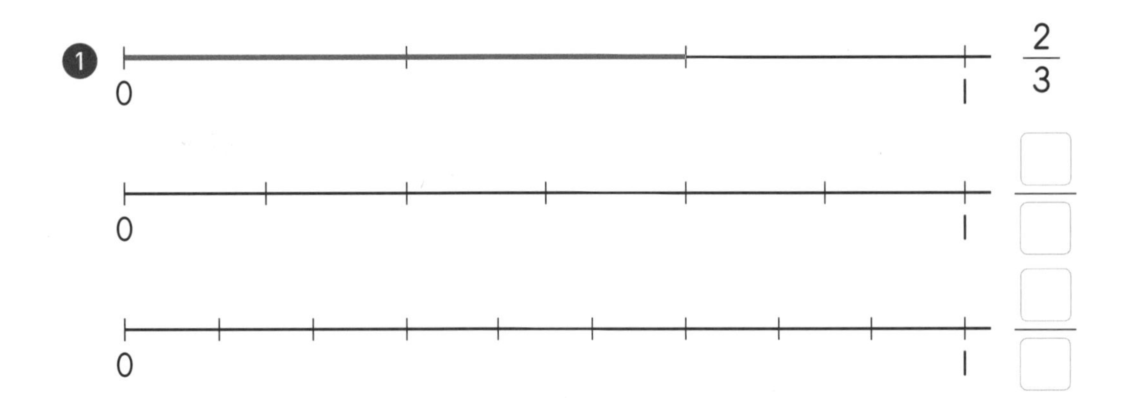

❷ 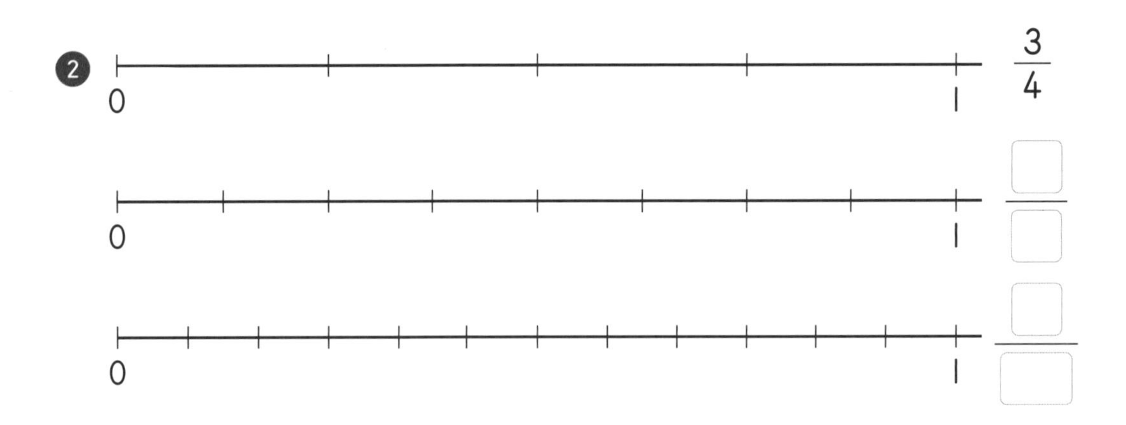

❸ 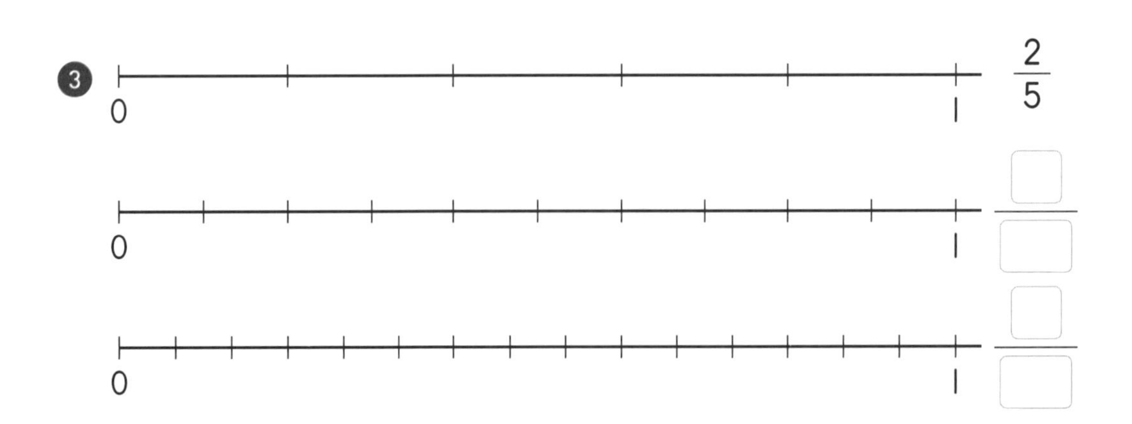

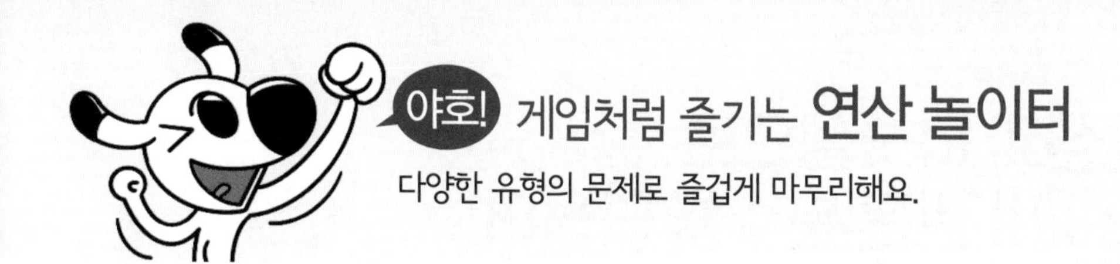

모양과 크기가 같은 컵에 물이 담겨 있습니다. 같은 양의 물이 담겨 있는 컵끼리 선으로 이은 다음 ☐ 안에 알맞은 분수를 써넣으세요.

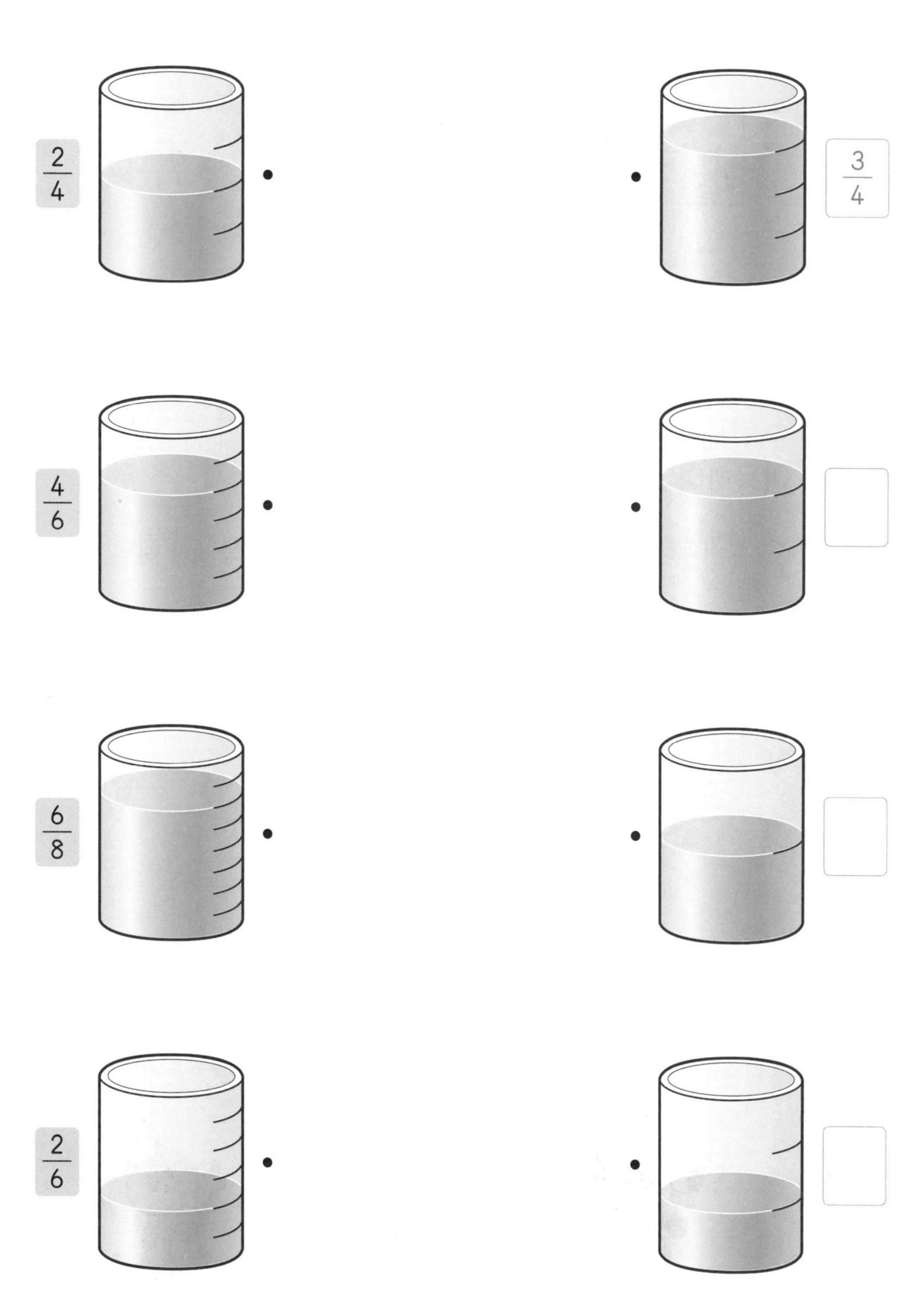

곱셈과 나눗셈으로 크기가 같은 분수를 만들어

✪ 곱셈을 이용하여 크기가 같은 분수 만들기

분모와 분자에 각각 0이 아닌 같은 수를 곱하면 크기가 같은 분수가 됩니다.

$$\frac{1}{3} = \frac{2}{6} = \frac{3}{9}$$

(×2, ×3)

✪ 나눗셈을 이용하여 크기가 같은 분수 만들기

분모와 분자를 각각 0이 아닌 같은 수로 나누면 크기가 같은 분수가 됩니다.

└ 분모와 분자의 공약수

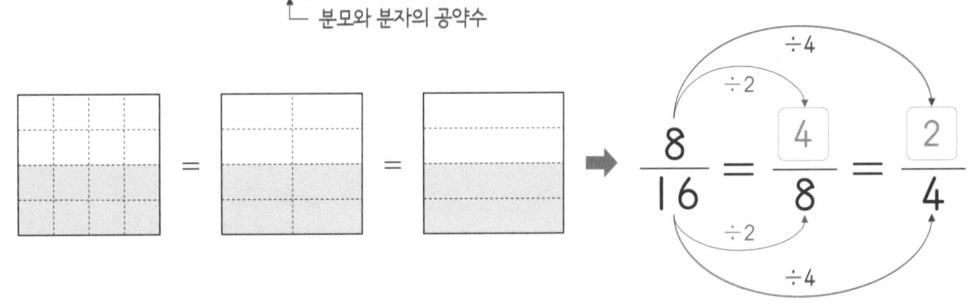

분모와 분자에 각각 0을 곱하면 모두 같아지는 오류가 생기므로 0을 곱하면 안 돼요.

나눗셈에서 0으로 나누면 안되는 것 기억하죠? 분모와 분자도 각각 0으로 나누면 안 돼요.

크기가 같은 분수를 만들 때, 분모와 분자에 각각 0을 곱하지 않도록 주의해요.

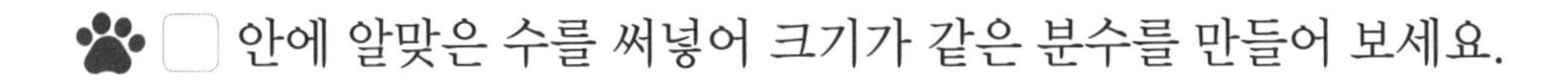

❶ $\frac{1}{2}=\frac{1\times 2}{2\times \square}=\frac{2}{\square}$

❷ $\frac{2}{3}=\frac{2\times \square}{3\times \square}=\frac{4}{\square}$ (×2)

❸ $\frac{1}{4}=\frac{1\times \square}{4\times \square}=\frac{\square}{12}$ (×3)

❹ $\frac{2}{5}=\frac{\square}{20}$ (×4)

❺ $\frac{3}{7}=\frac{9}{\square}$ (×3)

❻ $\frac{5}{6}=\frac{15}{\square}$

❼ $\frac{7}{10}=\frac{\square}{40}$

❽ $\frac{2}{9}=\frac{\square}{45}$

❾ $\frac{5}{8}=\frac{\square}{24}$

분모와 분자를 각각 0이 아닌 같은 수로 나누어야 크기가 같은 분수가 돼요.

□ 안에 알맞은 수를 써넣어 크기가 같은 분수를 만들어 보세요.

나눗셈으로 크기가 같은 분수 만드는 방법

$\frac{○}{△} = \frac{○ \div ★}{△ \div ★}$

★은 0이 아닌 수예요.

❶ $\frac{3}{9} = \frac{3 \div 3}{9 \div \square} = \frac{1}{\square}$

❷ $\frac{10}{15} = \frac{10 \div \square}{15 \div \square} = \frac{2}{\square}$ (÷5)

❸ $\frac{4}{20} = \frac{4 \div \square}{20 \div \square} = \frac{\square}{5}$ (÷4)

❹ $\frac{8}{28} = \frac{\square}{7}$ (÷4)

❺ $\frac{18}{24} = \frac{\square}{4}$ (÷6)

❻ $\frac{7}{14} = \frac{1}{\square}$

❼ $\frac{12}{16} = \frac{\square}{4}$

❽ $\frac{24}{40} = \frac{\square}{5}$

❾ $\frac{49}{63} = \frac{7}{\square}$

크기가 같은 분수는 셀 수 없이 많아요.
문제에 주어진 조건을 잘 확인해 문제를 풀어요.

분모와 분자에 각각 0이 아닌 같은 수를 곱하여 크기가 같은 분수를 만들려고 합니다.
분모가 가장 작은 것부터 차례대로 2개 쓰세요.

❶ $\frac{1}{2}=\frac{\square}{4}=\frac{\square}{6}$ (×2, ×3)

❷ $\frac{1}{3}=$

❸ $\frac{3}{4}=$

❹ $\frac{2}{5}=$

❺ $\frac{5}{6}=$

❻ $\frac{1}{7}=$

❼ $\frac{3}{8}=$

❽ $\frac{5}{9}=$

❾ $\frac{3}{10}=$

❿ $\frac{2}{11}=$

분모와 분자를 각각 두 수의 공약수로 나누면 분모와 분자가 동시에 나누어떨어져요.

분모와 분자를 각각 0이 아닌 같은 수로 나누어 크기가 같은 분수를 만들려고 합니다. 분모가 가장 큰 것부터 차례대로 2개 쓰세요.

❶ 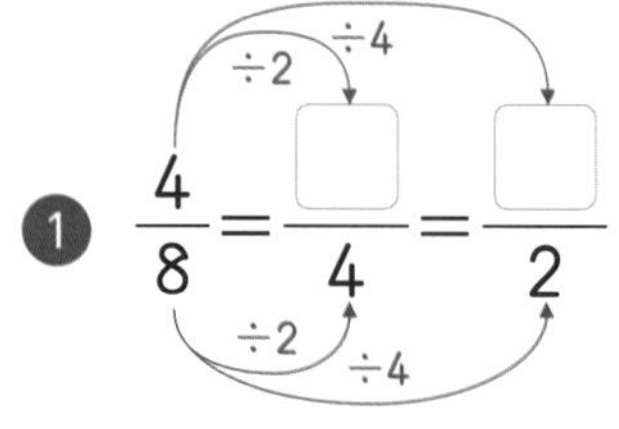

$\frac{4}{8}=\frac{\square}{4}=\frac{\square}{2}$

8과 4의 공약수: 1, 2, 4

❷ $\frac{8}{12}=$

❸ $\frac{6}{12}=$

❹ $\frac{6}{18}=$

❺ $\frac{20}{36}=$

❻ $\frac{20}{24}=$

❼ $\frac{10}{20}=$

❽ $\frac{24}{30}=$

❾ $\frac{30}{45}=$

❿ $\frac{32}{48}=$

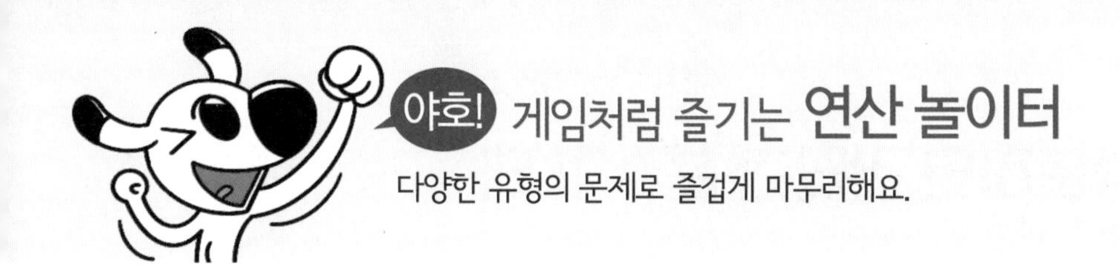

그림으로 나타낸 분수와 크기가 같은 분수를 모두 찾아 ○표 하세요.

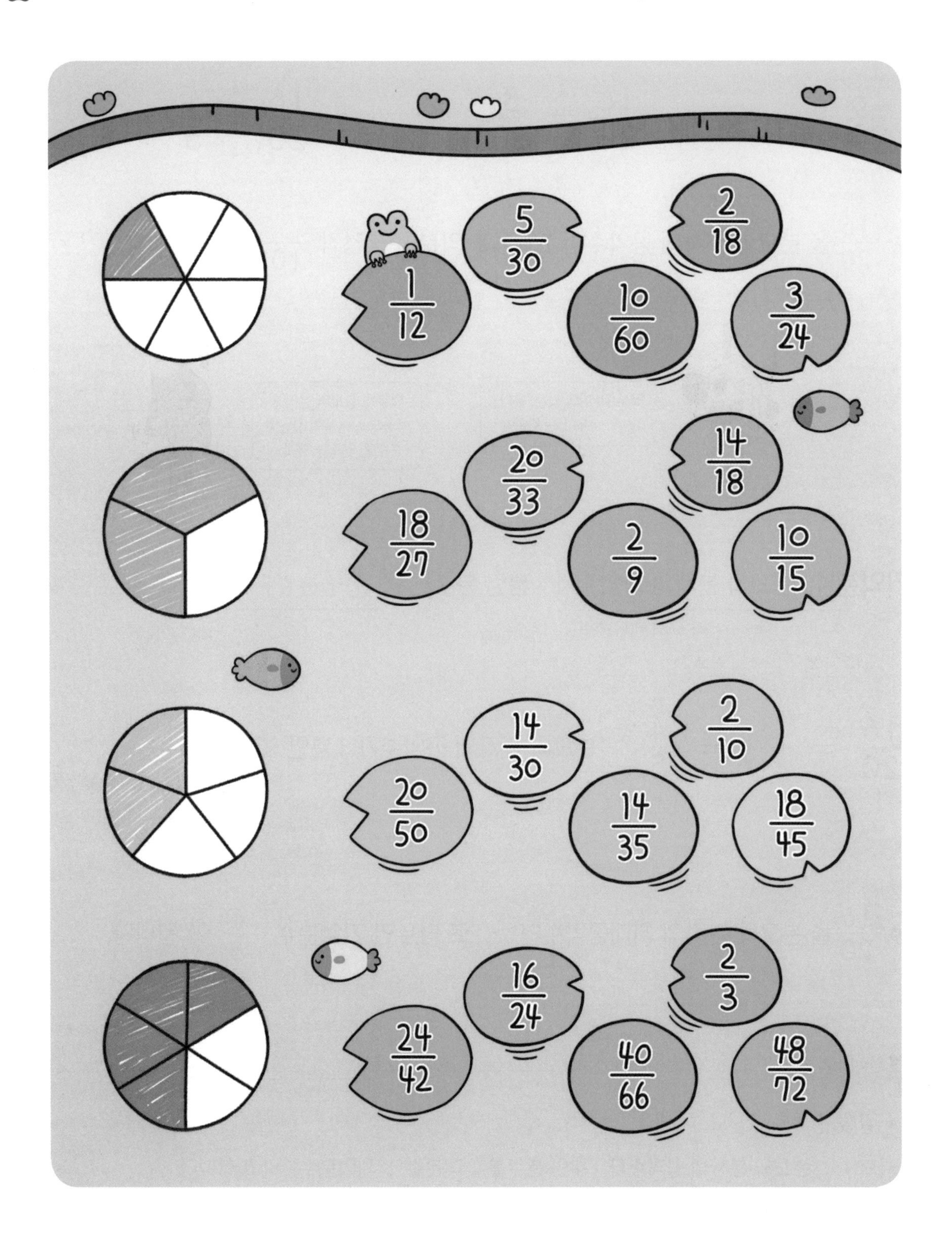

약분하면 간단한 분수가 돼

약분: 분모와 분자를 공약수로 나누어 간단한 분수로 만드는 것

$\frac{16}{20}$ 공약수: 1, 2, 4 ➡

• 공약수 2로 나누기

$\frac{16 \div 2}{20 \div 2} = \frac{8}{10}$

• 공약수 4로 나누기

$\frac{16 \div 4}{20 \div 4} = \frac{4}{5}$

➡ $\frac{16}{20}$을 분모와 분자의 공약수인 2와 4로 약분하면 각각 $\frac{8}{10}$, $\frac{4}{5}$ 입니다.

기약분수: 분모와 분자의 공약수가 1뿐인 분수

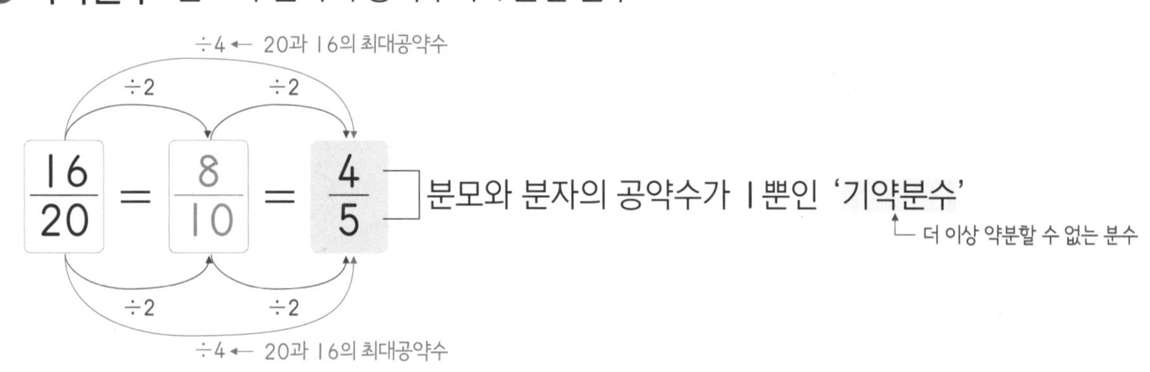

➡ $\frac{16}{20}$을 분모와 분자의 최대공약수인 4로 나누면 기약분수 $\frac{4}{5}$가 됩니다.

잠깐! 퀴즈

• 알맞은 말에 ○표 하세요.

분모와 분자의 공약수가 1뿐인 분수를 (대분수 , 기약분수)라고 합니다.

정답 기약분수에 ○표

약분할 수 있는 수는 분모와 분자의 공약수예요.

약분할 수 있는 수를 모두 쓰고, 약분하세요.

❶ $\frac{16}{24}$

1은 생략해도 돼요.

➡ 약분할 수 있는 수: 2, 4, 8

➡ 약분한 분수: $\frac{8}{12}$, $\frac{4}{6}$, $\frac{2}{3}$

❷ $\frac{12}{20}$

➡ 약분할 수 있는 수:

➡ 약분한 분수:

❸ $\frac{18}{45}$

➡ 약분할 수 있는 수:

➡ 약분한 분수:

❹ $\frac{9}{18}$

➡ 약분할 수 있는 수:

➡ 약분한 분수:

❺ $\frac{14}{42}$

➡ 약분할 수 있는 수:

➡ 약분한 분수:

❻ $\frac{21}{63}$

➡ 약분할 수 있는 수:

➡ 약분한 분수:

기약분수는 분모와 분자의 공약수가 1뿐인 분수로
분모와 분자의 최대공약수로 약분하면 돼요.

분모와 분자의 최대공약수를 쓰고, 기약분수로 나타내세요.

❶ $\frac{9}{15}$ ➡ 최대공약수: ________ ➡ 기약분수: ________

❷ $\frac{14}{49}$ ➡ 최대공약수: ________ ➡ 기약분수: ________

❸ $\frac{15}{45}$ ➡ 최대공약수: ________ ➡ 기약분수: ________

❹ $\frac{12}{28}$ ➡ 최대공약수: ________ ➡ 기약분수: ________

❺ $\frac{18}{54}$ ➡ 최대공약수: ________ ➡ 기약분수: ________

❻ 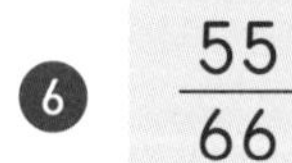
$\frac{55}{66}$ ➡ 최대공약수: ________ ➡ 기약분수: ________

분모와 분자의 수가 크면 거꾸로 된 나눗셈을 이용해 최대공약수를 구해요.

기약분수로 나타내세요.

❶ $\frac{9}{12}=$

$3\,\underline{)\,9\quad 12}$
$\quad\;\, 3\quad\; 4$

↑ 최대공약수

❷ $\frac{8}{18}=$

❸ $\frac{15}{24}=$

❹ $\frac{21}{56}=$

❺ $\frac{25}{30}=$

❻ $\frac{32}{48}=$

❼ $\frac{11}{33}=$

❽ $\frac{32}{42}=$

❾ $\frac{32}{52}=$

❿ $\frac{27}{81}=$

⓫ $\frac{30}{54}=$

⓬ $\frac{42}{77}=$

도전! 땅 짚고 헤엄치는 문장제

쉬운 문장제로 연산의 기본 개념을 익혀 봐요!

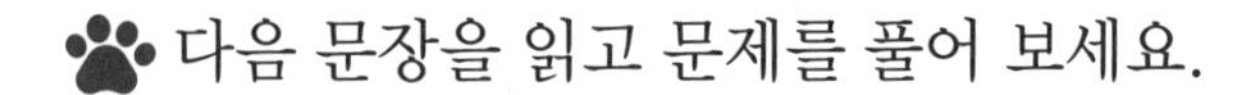

다음 문장을 읽고 문제를 풀어 보세요.

❶ 다음 중 $\frac{24}{36}$를 약분할 수 있는 수를 모두 찾아 쓰세요.

2, 3, 5, 6, 8, 12, 16

약분할 수 있는 수는 분모와 분자의 공약수예요.

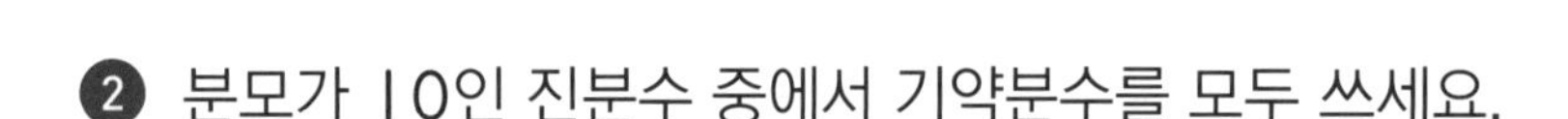

❷ 분모가 10인 진분수 중에서 기약분수를 모두 쓰세요.

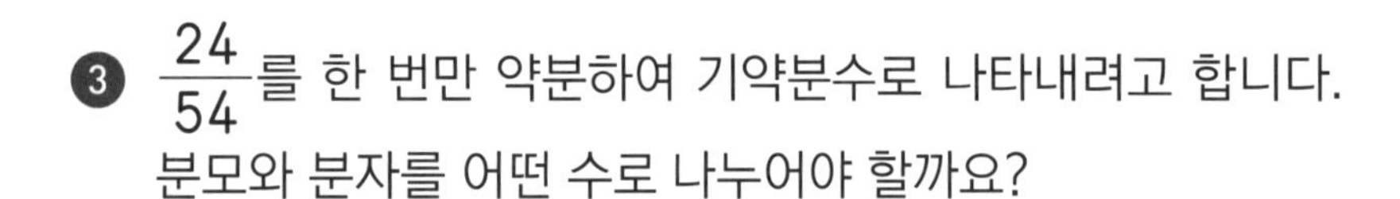

❸ $\frac{24}{54}$를 한 번만 약분하여 기약분수로 나타내려고 합니다. 분모와 분자를 어떤 수로 나누어야 할까요?

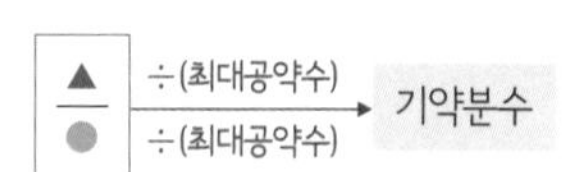

❹ 준희네 반 학생 32명 중 남학생이 18명입니다. 준희네 반 남학생은 전체의 몇 분의 몇인지 기약분수로 나타내세요.

$\frac{(남학생 수)}{(전체 학생 수)}=\frac{18}{32}$

❶ 약분할 수 있는 수는 분모와 분자의 공약수예요.
❹ 기약분수는 분모와 분자의 공약수가 1뿐인 분수예요.

통분하면 분모가 같아져

✪ 통분

분수의 분모를 같게 하는 것을 통분한다고 하고, 통분한 분모를 공통분모라고 합니다.

$$\frac{1}{2}=\frac{2}{4}=\frac{3}{6}=\frac{4}{8}=\frac{5}{10}=\frac{6}{12}\cdots\cdots$$

$$\frac{2}{3}=\frac{4}{6}=\frac{6}{9}=\frac{8}{12}\cdots\cdots$$

공통분모는 두 분모의 공배수가 돼요.

➡ $\left(\frac{1}{2}, \frac{2}{3}\right)$를 통분하면 $\left(\frac{3}{6}, \frac{4}{6}\right), \left(\frac{6}{12}, \frac{8}{12}\right)\cdots\cdots$입니다.

공통분모: 6, 12 ……

✪ 통분하는 방법

• 두 분모의 곱을 공통분모로 하여 통분하기

$$\left(\frac{1}{6}, \frac{3}{8}\right) \Rightarrow \left(\frac{1\times 8}{6\times 8}, \frac{3\times 6}{8\times 6}\right) \Rightarrow \left(\frac{8}{48}, \frac{18}{48}\right)$$

공통분모

두 분모의 곱을 공통분모로 하여 통분하면 분모가 48인 분수가 돼요.

• 두 분모의 최소공배수를 공통분모로 하여 통분하기

$$\left(\frac{1}{6}, \frac{3}{8}\right) \Rightarrow \left(\frac{1\times 4}{6\times 4}, \frac{3\times 3}{8\times 3}\right) \Rightarrow \left(\frac{4}{24}, \frac{9}{24}\right)$$

최소공배수: 24

공통분모

분수를 통분할 때는 분모와 분자에 각각 0이 아닌 같은 수를 곱해야 해요.

주어진 분모를 공통분모로 하여 통분하세요.

❶ $\left(\frac{1}{2}, \frac{2}{3}\right) \Rightarrow \left(\frac{\square}{6}, \frac{\square}{6}\right)$

❷ $\left(\frac{1}{3}, \frac{1}{4}\right) \Rightarrow \left(\frac{\square}{12}, \frac{\square}{12}\right)$

❸ $\left(\frac{1}{4}, \frac{2}{5}\right) \Rightarrow \left(\frac{\square}{20}, \frac{\square}{20}\right)$

❹ $\left(\frac{2}{3}, \frac{3}{4}\right) \Rightarrow \left(\frac{\square}{24}, \frac{\square}{24}\right)$

❺ $\left(\frac{1}{5}, \frac{3}{7}\right) \Rightarrow \left(\frac{\square}{35}, \frac{\square}{35}\right)$

❻ $\left(\frac{2}{3}, \frac{5}{6}\right) \Rightarrow \left(\frac{\square}{12}, \frac{\square}{12}\right)$

❼ $\left(\frac{4}{5}, \frac{1}{2}\right) \Rightarrow \left(\frac{\square}{10}, \frac{\square}{10}\right)$

❽ $\left(\frac{5}{6}, \frac{3}{4}\right) \Rightarrow \left(\frac{\square}{12}, \frac{\square}{12}\right)$

❾ $\left(\frac{4}{9}, \frac{3}{7}\right) \Rightarrow \left(\frac{\square}{63}, \frac{\square}{63}\right)$

통분하면 분모가 같아지기 때문에
분수끼리 더하거나 뺄 수 있고,
크기를 비교할 수도 있어요.

두 분모의 곱을 공통분모로 하여 통분하세요.

❶ $\left(\frac{1}{4}, \frac{2}{3}\right) \Rightarrow \left(\frac{1\times3}{4\times\square}, \frac{2\times4}{3\times\square}\right) \Rightarrow \left(\frac{3}{\square}, \frac{8}{\square}\right)$

❷ $\left(\frac{1}{6}, \frac{1}{2}\right) \Rightarrow \left(\frac{1\times2}{6\times\square}, \frac{1\times6}{2\times\square}\right) \Rightarrow \left(\frac{2}{\square}, \frac{6}{\square}\right)$

❸ $\left(\frac{3}{7}, \frac{1}{4}\right) \Rightarrow \left(\frac{3\times\square}{7\times\square}, \frac{1\times\square}{4\times\square}\right) \Rightarrow \left(\frac{\square}{\square}, \frac{\square}{\square}\right)$

❹ $\left(\frac{1}{3}, \frac{3}{4}\right) \Rightarrow \left(\frac{1\times\square}{3\times\square}, \frac{3\times\square}{4\times\square}\right) \Rightarrow \left(\frac{\square}{\square}, \frac{\square}{\square}\right)$

❺ $\left(\frac{2}{5}, \frac{4}{9}\right) \Rightarrow \left(\frac{2\times\square}{5\times\square}, \frac{4\times\square}{9\times\square}\right) \Rightarrow \left(\frac{\square}{\square}, \frac{\square}{\square}\right)$

❻ $\left(\frac{1}{2}, \frac{3}{11}\right) \Rightarrow \left(\frac{1\times\square}{2\times\square}, \frac{3\times\square}{11\times\square}\right) \Rightarrow \left(\frac{\square}{\square}, \frac{\square}{\square}\right)$

두 분모의 최소공배수를 공통분모로 하여 통분하세요.

❶ $\left(\frac{1}{9}, \frac{1}{12}\right) \Rightarrow \left(\frac{1\times4}{9\times\square}, \frac{1\times3}{12\times\square}\right) \Rightarrow \left(\frac{4}{\square}, \frac{3}{\square}\right)$

3) 9 12
　 3 4 → 최소공배수: $3\times3\times4=36$

❷ $\left(\frac{3}{10}, \frac{1}{15}\right) \Rightarrow \left(\frac{3\times3}{10\times\square}, \frac{1\times2}{15\times\square}\right) \Rightarrow \left(\frac{9}{\square}, \frac{2}{\square}\right)$

❸ $\left(\frac{1}{2}, \frac{3}{8}\right) \Rightarrow \left(\frac{1\times\square}{2\times\square}, \frac{3\times\square}{8\times\square}\right) \Rightarrow \left(\frac{\square}{\square}, \frac{\square}{\square}\right)$

❹ $\left(\frac{1}{6}, \frac{2}{9}\right) \Rightarrow \left(\frac{1\times\square}{6\times\square}, \frac{2\times\square}{9\times\square}\right) \Rightarrow \left(\frac{\square}{\square}, \frac{\square}{\square}\right)$

❺ $\left(\frac{7}{8}, \frac{9}{10}\right) \Rightarrow \left(\frac{7\times\square}{8\times\square}, \frac{9\times\square}{10\times\square}\right) \Rightarrow \left(\frac{\square}{\square}, \frac{\square}{\square}\right)$

❻ $\left(\frac{3}{15}, \frac{5}{12}\right) \Rightarrow \left(\frac{3\times\square}{15\times\square}, \frac{5\times\square}{12\times\square}\right) \Rightarrow \left(\frac{\square}{\square}, \frac{\square}{\square}\right)$

$\left(\frac{2}{5}, \frac{5}{15}\right) \Rightarrow \left(\frac{6}{15}, \frac{5}{15}\right)$

15는 5의 배수

한 분모가 다른 한 분모의 배수이면
큰 분모를 공통분모로 통분하면 쉬워요.

두 분수를 가장 작은 공통분모로 하여 통분하세요.

❶ $\left(\frac{2}{15}, \frac{3}{5}\right) \Rightarrow (\quad , \quad)$

❷ $\left(\frac{5}{8}, \frac{3}{4}\right) \Rightarrow (\quad , \quad)$

❸ $\left(\frac{2}{9}, \frac{7}{12}\right) \Rightarrow (\quad , \quad)$

❹ $\left(\frac{5}{6}, \frac{1}{9}\right) \Rightarrow (\quad , \quad)$

❺ $\left(\frac{3}{8}, \frac{1}{3}\right) \Rightarrow (\quad , \quad)$

❻ $\left(\frac{1}{5}, \frac{2}{3}\right) \Rightarrow (\quad , \quad)$

❼ $\left(1\frac{3}{8}, 1\frac{1}{6}\right) \Rightarrow (\quad , \quad)$

❽ $\left(1\frac{3}{4}, 2\frac{1}{18}\right) \Rightarrow (\quad , \quad)$

대분수를 통분할 때는
자연수 부분은 그대로 두고
분수 부분만 통분해요.

❾ $\left(2\frac{1}{6}, 2\frac{1}{15}\right) \Rightarrow (\quad , \quad)$

❿ $\left(1\frac{9}{20}, 1\frac{5}{8}\right) \Rightarrow (\quad , \quad)$

도전! 땅 짚고 헤엄치는 문장제

쉬운 문장제로 연산의 기본 개념을 익혀 봐요!

다음 문장을 읽고 문제를 풀어 보세요.

❶ $\frac{5}{9}$와 $\frac{1}{15}$을 가장 작은 공통분모로 하여 통분하세요.

❷ $\frac{5}{11}$와 $\frac{11}{20}$을 통분하려고 합니다. 공통분모가 될 수 있는 수 중 가장 작은 수부터 2개 쓰세요.

공통분모가 될 수 있는 수 중 가장 작은 수는 두 분모의 최소공배수예요.

❸ 두 분모의 곱을 공통분모로 하여 통분한 것입니다. ㉠과 ㉡에 들어갈 알맞은 수를 차례대로 쓰세요.

$$\left(\frac{3}{7}, \frac{1}{4}\right) \Rightarrow \left(\frac{12}{㉠}, \frac{㉡}{28}\right)$$

❹ 두 분모의 최소공배수를 공통분모로 하여 통분한 것입니다. ㉠과 ㉡에 들어갈 알맞은 수를 차례대로 쓰세요.

$$\left(\frac{7}{16}, \frac{13}{20}\right) \Rightarrow \left(\frac{㉠}{80}, \frac{52}{㉡}\right)$$

❶ 가장 작은 공통분모는 두 분모의 최소공배수를 말해요.

19 분수도 크기를 비교할 수 있어

✪ 분모를 같게 만들어 크기 비교하기

분모가 같으면 분자가 클수록 분수의 크기가 큽니다.

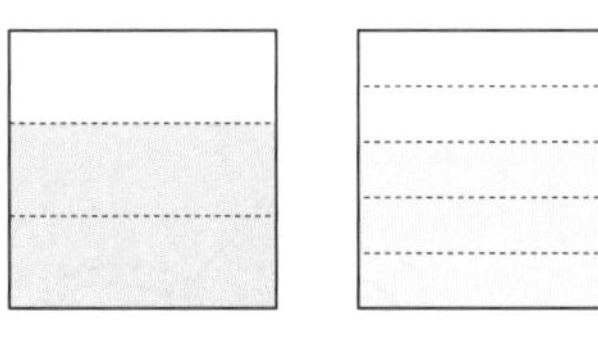

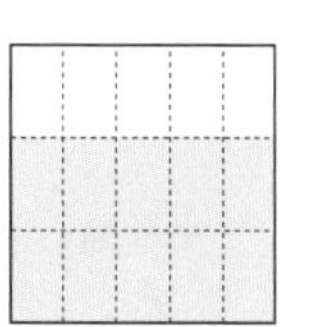

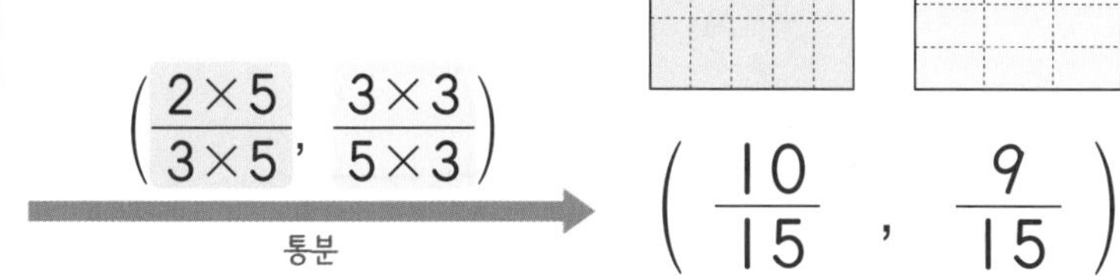

$\left(\frac{2}{3}, \frac{3}{5}\right) \xrightarrow[\text{통분}]{\left(\frac{2\times5}{3\times5}, \frac{3\times3}{5\times3}\right)} \left(\frac{10}{15}, \frac{9}{15}\right)$

➡ 분자의 크기를 비교하면 10 (>) 9이므로 $\frac{10}{15}$ (>) $\frac{9}{15}$ ➡ $\frac{2}{3}$ (>) $\frac{3}{5}$입니다.

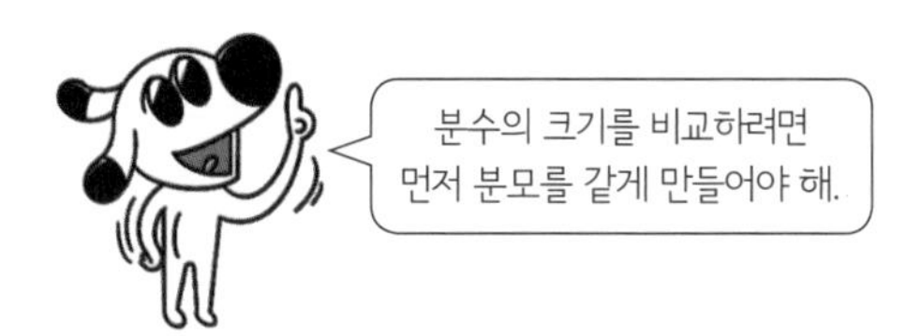

✪ 분자를 같게 만들어 크기 비교하기

분자가 같으면 분모가 작을수록 분수의 크기가 큽니다.

$\left(\frac{2}{5}, \frac{4}{7}\right) \xrightarrow[\text{분자를 같게 만들어요.}]{\left(\frac{2\times2}{5\times2}, \frac{4}{7}\right)} \left(\frac{4}{10}, \frac{4}{7}\right)$

➡ 분모의 크기를 비교하면 10 (>) 7이므로 $\frac{4}{10}$ (<) $\frac{4}{7}$ ➡ $\frac{2}{5}$ (<) $\frac{4}{7}$입니다.

잠깐! 퀴즈

• 알맞은 말에 ○표 하세요.

분모가 같은 분수의 크기는 분자가 (클수록 , 작을수록) 큽니다.

정답 클수록에 ○표

분수의 크기를 비교할 때, 가장 먼저 분모를 같게 만들어야 해요.

두 분모의 최소공배수를 공통분모로 하여 통분한 다음 분수의 크기를 비교하세요.

❶ $\left(\frac{3}{5}, \frac{1}{4}\right) \Rightarrow \left(\frac{\square}{20}, \frac{\square}{20}\right) \Rightarrow \frac{3}{5} \bigcirc \frac{1}{4}$

❷ $\left(\frac{4}{7}, \frac{2}{3}\right) \Rightarrow \left(\frac{\square}{\square}, \frac{\square}{\square}\right) \Rightarrow \frac{4}{7} \bigcirc \frac{2}{3}$

❸ $\left(\frac{5}{6}, \frac{3}{8}\right) \Rightarrow \left(\frac{\square}{\square}, \frac{\square}{\square}\right) \Rightarrow \frac{5}{6} \bigcirc \frac{3}{8}$

❹ $\left(\frac{1}{9}, \frac{5}{12}\right) \Rightarrow \left(\frac{\square}{\square}, \frac{\square}{\square}\right) \Rightarrow \frac{1}{9} \bigcirc \frac{5}{12}$

❺ $\left(\frac{7}{12}, \frac{5}{8}\right) \Rightarrow \left(\frac{\square}{\square}, \frac{\square}{\square}\right) \Rightarrow \frac{7}{12} \bigcirc \frac{5}{8}$

❻ $\left(\frac{1}{7}, \frac{1}{5}\right) \Rightarrow \left(\frac{\square}{\square}, \frac{\square}{\square}\right) \Rightarrow \frac{1}{7} \bigcirc \frac{1}{5}$

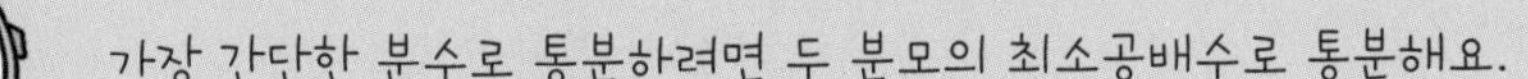

분수의 크기를 비교하여 ◯ 안에 >, =, <를 알맞게 써넣으세요.

❶ $\frac{2}{3} \bigcirc \frac{4}{5}$

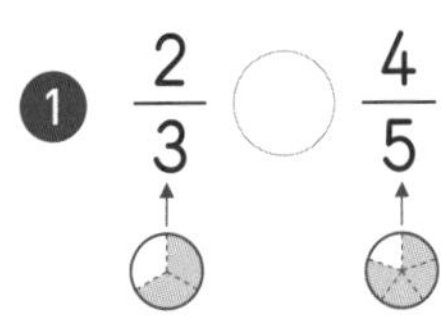

(분모)－(분자)＝1일 때,
분수의 크기는 분모가 클수록 커요.

❷ $\frac{8}{9} \bigcirc \frac{7}{8}$

❸ $\frac{3}{4} \bigcirc \frac{4}{9}$

❹ $\frac{3}{16} \bigcirc \frac{1}{4}$

❺ $\frac{5}{6} \bigcirc \frac{23}{30}$

❻ $\frac{6}{7} \bigcirc \frac{7}{8}$

❼ $\frac{13}{18} \bigcirc \frac{3}{4}$

❽ $\frac{4}{9} \bigcirc \frac{5}{8}$

❾ $\frac{3}{10} \bigcirc \frac{13}{25}$

❿ $\frac{11}{15} \bigcirc \frac{13}{18}$

4는 2의 배수

$\left(\frac{2}{3}, \frac{4}{9}\right) \Rightarrow \left(\frac{4}{6}, \frac{4}{8}\right)$

한 분자가 다른 한 분자의 배수이면
분자를 큰 수와 같게 바꾸어 나타내면 쉬워요.

분수의 크기를 비교하여 ◯ 안에 >, =, <를 알맞게 써넣으세요.

❶ $\frac{1}{3}$ ◯ $\frac{1}{5}$

◔ > ◔

분수의 크기는 분자가 같으면 분모가 작을수록 커요.

❷ $\frac{7}{9}$ ◯ $\frac{7}{8}$

❸ $\frac{1}{4}$ ◯ $\frac{2}{9}$

$\frac{1\times2}{4\times2}=\frac{2}{8}$ ⧁ $\frac{2}{9}$

❹ $\frac{9}{10}$ ◯ $\frac{3}{4}$

❺ $\frac{5}{6}$ ◯ $\frac{20}{21}$

❻ $\frac{3}{7}$ ◯ $\frac{12}{17}$

❼ $\frac{7}{20}$ ◯ $\frac{14}{27}$

❽ $\frac{6}{7}$ ◯ $\frac{3}{8}$

❾ $\frac{7}{10}$ ◯ $\frac{14}{25}$

❿ $\frac{22}{27}$ ◯ $\frac{11}{18}$

분수의 크기를 비교할 때, 각각의 분수와 전체의 절반인 $\frac{1}{2}$의 크기를 먼저 비교하면 쉬워요.

분수의 크기를 비교하여 ◯ 안에 >, =, <를 알맞게 써넣으세요.

❶ $\frac{5}{6}$ ◯ $\frac{3}{8}$

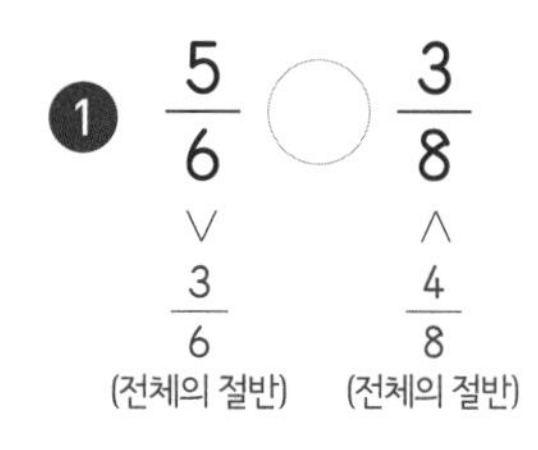

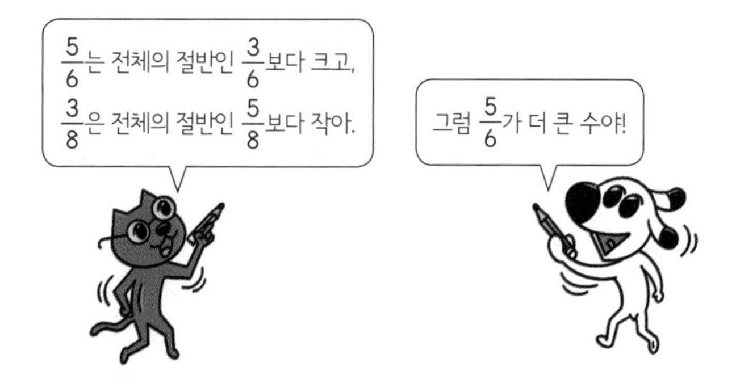

❷ $\frac{7}{10}$ ◯ $\frac{1}{2}$

❸ $\frac{3}{4}$ ◯ $\frac{1}{2}$

❹ $\frac{9}{11}$ ◯ $\frac{2}{5}$

분자를 2배 한 수가 $9\times2=18$로 분모인 11보다 크므로 $\frac{9}{11}$는 전체의 절반보다 커요.

❺ $\frac{2}{7}$ ◯ $\frac{1}{2}$

❻ $\frac{7}{9}$ ◯ $\frac{3}{7}$

❼ $\frac{7}{15}$ ◯ $\frac{9}{17}$

❽ $\frac{3}{14}$ ◯ $\frac{11}{21}$

❾ $\frac{7}{18}$ ◯ $\frac{50}{87}$

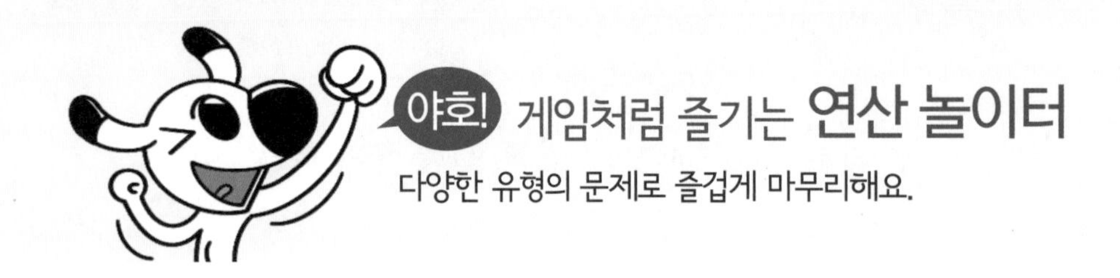

크기가 더 큰 분수를 따라가면 성에 도착할 수 있어요. 빠독이가 가야 할 길을 표시해 보세요.

20 도전! 세 분수의 크기 비교도 방법은 같아

✪ 두 분수끼리 통분하여 차례대로 크기 비교하기

세 분수 $\frac{3}{4}$, $\frac{5}{6}$, $\frac{4}{9}$를 두 분수끼리 통분하여 차례대로 크기를 비교합니다.

- $\left(\frac{3}{4}, \frac{5}{6}\right) \xrightarrow{\text{통분}} \left(\frac{9}{12}, \frac{10}{12}\right) \Rightarrow \frac{3}{4} < \frac{5}{6}$
- $\left(\frac{5}{6}, \frac{4}{9}\right) \xrightarrow{\text{통분}} \left(\frac{15}{18}, \frac{8}{18}\right) \Rightarrow \frac{5}{6} > \frac{4}{9}$
- $\left(\frac{3}{4}, \frac{4}{9}\right) \xrightarrow{\text{통분}} \left(\frac{27}{36}, \frac{16}{36}\right) \Rightarrow \frac{3}{4} > \frac{4}{9}$

$\Rightarrow \frac{4}{9} < \frac{3}{4} < \frac{5}{6}$

✪ 세 분수를 한 번에 통분하여 크기 비교하기

세 분수 $\frac{3}{4}$, $\frac{1}{6}$, $\frac{3}{8}$을 한 번에 통분하여 크기를 비교합니다.

$\left(\frac{3}{4}, \frac{1}{6}, \frac{3}{8}\right) \xrightarrow{\text{세 수의 최소공배수로 통분해요.}} \left(\frac{18}{24}, \frac{4}{24}, \frac{9}{24}\right) \Rightarrow \frac{1}{6} < \frac{3}{8} < \frac{3}{4}$

[거꾸로 된 나눗셈으로 구하는 방법]

2)	4	6	8
2)	2	3	4
×	1×3×2		

세 수 또는 두 수를 동시에 나누어떨어지게 하는 수로 나누어요.
이때, 나누어떨어지지 않는 한 수는 그대로 내려 적어 구해요.

잠깐! 퀴즈

- 알맞은 말에 ○표 하세요.

세 분수의 크기 비교도 분모를 (같게 , 다르게) 만들어 비교합니다.

정답 같게에 ○표

가장 큰 수와 가장 작은 수를 찾으면 세 분수의 크기를 비교하기 쉬워요.

□ 안에 알맞은 수를 써넣어 분수를 통분한 다음 분수의 크기를 비교해 ○ 안에 >, =, <를 알맞게 써넣으세요.

❶ $\frac{7}{10}, \frac{4}{9}, \frac{5}{12}$

$\left(\frac{7}{10}, \frac{4}{9}\right) \Rightarrow \left(\frac{\square}{90}, \frac{\square}{90}\right) \Rightarrow \frac{7}{10} \bigcirc \frac{4}{9}$

$\left(\frac{4}{9}, \frac{5}{12}\right) \Rightarrow \left(\frac{\square}{36}, \frac{\square}{36}\right) \Rightarrow \frac{4}{9} \bigcirc \frac{5}{12}$

$\left(\frac{7}{10}, \frac{5}{12}\right) \Rightarrow \left(\frac{\square}{60}, \frac{\square}{60}\right) \Rightarrow \frac{7}{10} \bigcirc \frac{5}{12}$

$\Rightarrow \square < \square < \square$

❷ $\frac{5}{8}, \frac{3}{4}, \frac{3}{7}$

$\left(\frac{5}{8}, \frac{3}{4}\right) \Rightarrow \left(\frac{\square}{8}, \frac{\square}{8}\right) \Rightarrow \frac{5}{8} \bigcirc \frac{3}{4}$

$\left(\frac{3}{4}, \frac{3}{7}\right) \Rightarrow \frac{3}{4} \bigcirc \frac{3}{7}$

$\left(\frac{5}{8}, \frac{3}{7}\right) \Rightarrow \left(\frac{\square}{56}, \frac{\square}{56}\right) \Rightarrow \frac{5}{8} \bigcirc \frac{3}{7}$

$\Rightarrow \square < \square < \square$

❸ $\frac{11}{20}, \frac{3}{5}, \frac{4}{15}$

$\left(\frac{11}{20}, \frac{3}{5}\right) \Rightarrow \left(\frac{\square}{20}, \frac{\square}{20}\right) \Rightarrow \frac{11}{20} \bigcirc \frac{3}{5}$

$\left(\frac{3}{5}, \frac{4}{15}\right) \Rightarrow \left(\frac{\square}{15}, \frac{\square}{15}\right) \Rightarrow \frac{3}{5} \bigcirc \frac{4}{15}$

$\left(\frac{11}{20}, \frac{4}{15}\right) \Rightarrow \left(\frac{\square}{60}, \frac{\square}{60}\right) \Rightarrow \frac{11}{20} \bigcirc \frac{4}{15}$

$\Rightarrow \square < \square < \square$

가장 간단한 분수로 통분하려면 두 분모의 최소공배수로 통분해요.

분모의 최소공배수를 공통분모로 하여 세 분수를 한 번에 통분해 세 분수의 크기를 비교하세요.

❶ $\left(\frac{9}{28}, \frac{4}{7}, \frac{5}{14}\right)$ ➡ $\left(\frac{9}{28}, \frac{16}{28}, \frac{10}{28}\right)$ ➡ $\frac{9}{28} < \frac{5}{14} < \frac{4}{7}$

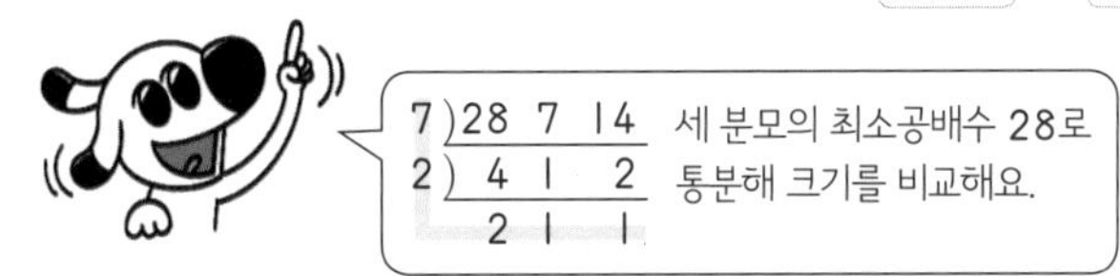

❷ $\left(\frac{3}{4}, \frac{5}{12}, \frac{7}{18}\right)$ ➡ $\left(\frac{27}{36}, \quad , \quad \right)$ ➡ $\square < \square < \square$

❸ $\left(\frac{1}{3}, \frac{7}{9}, \frac{8}{15}\right)$ ➡ $\left(\frac{15}{45}, \quad , \quad \right)$ ➡ $\square < \square < \square$

❹ $\left(\frac{5}{6}, \frac{4}{7}, \frac{15}{21}\right)$ ➡ $\left(\quad , \quad , \quad \right)$ ➡ $\square < \square < \square$

❺ $\left(\frac{5}{8}, \frac{7}{12}, \frac{17}{24}\right)$ ➡ $\left(\quad , \quad , \quad \right)$ ➡ $\square < \square < \square$

❻ $\left(\frac{3}{4}, \frac{7}{10}, \frac{5}{8}\right)$ ➡ $\left(\quad , \quad , \quad \right)$ ➡ $\square < \square < \square$

다양한 방법으로 분수의 크기를 비교해 봐요.

세 분수의 크기를 비교해 가장 큰 분수에 ○표 하세요.

❶ $\frac{5}{9}$, $\frac{7}{15}$, $\frac{1}{2}$

❷ $\frac{5}{24}$, $\frac{11}{16}$, $\frac{1}{2}$

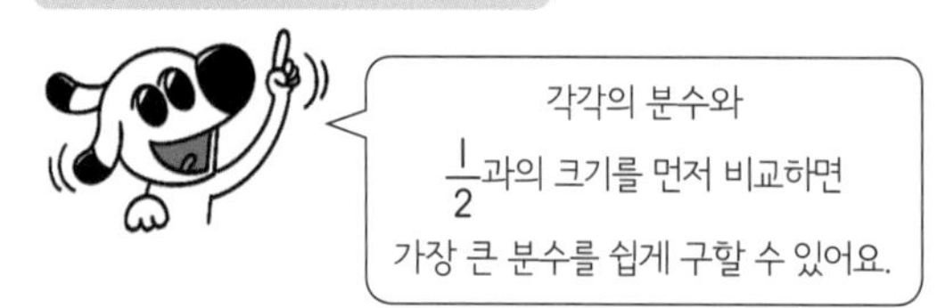

❸ $\frac{3}{8}$, $\frac{2}{3}$, $\frac{1}{4}$

❹ $\frac{3}{7}$, $\frac{3}{8}$, $\frac{2}{3}$

❺ $\frac{1}{5}$, $\frac{13}{18}$, $\frac{1}{2}$

❻ $\frac{2}{9}$, $\frac{4}{15}$, $\frac{6}{7}$

❼ $\frac{4}{5}$, $\frac{8}{9}$, $\frac{5}{6}$

❽ $\frac{3}{4}$, $\frac{5}{6}$, $\frac{3}{7}$

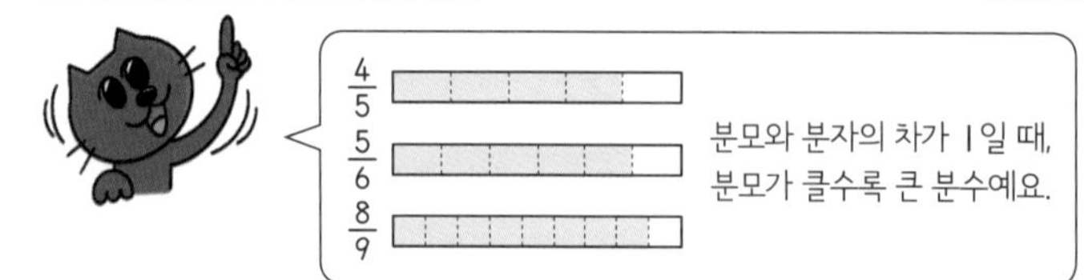

❾ $\frac{1}{3}$, $\frac{5}{12}$, $\frac{5}{6}$

❿ $\frac{17}{40}$, $\frac{13}{25}$, $\frac{1}{2}$

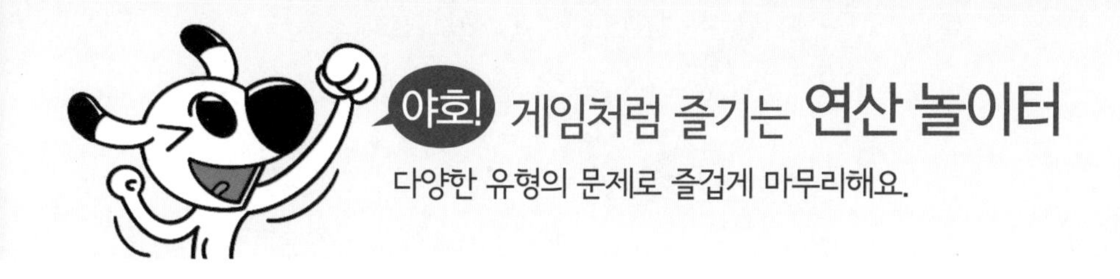

조건에 맞는 분수를 찾아 쓰세요.

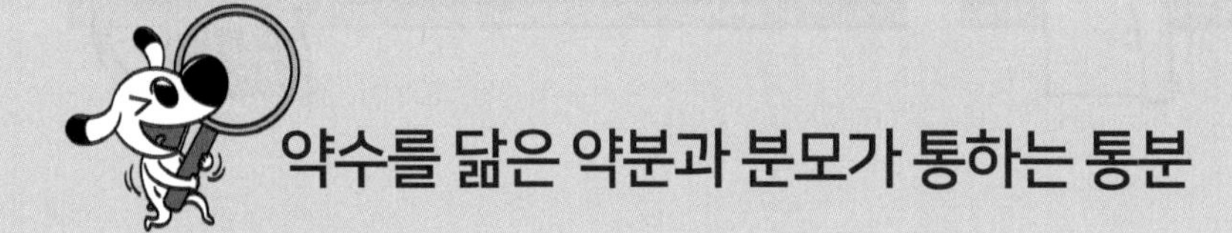

약수를 닮은 약분과 분모가 통하는 통분

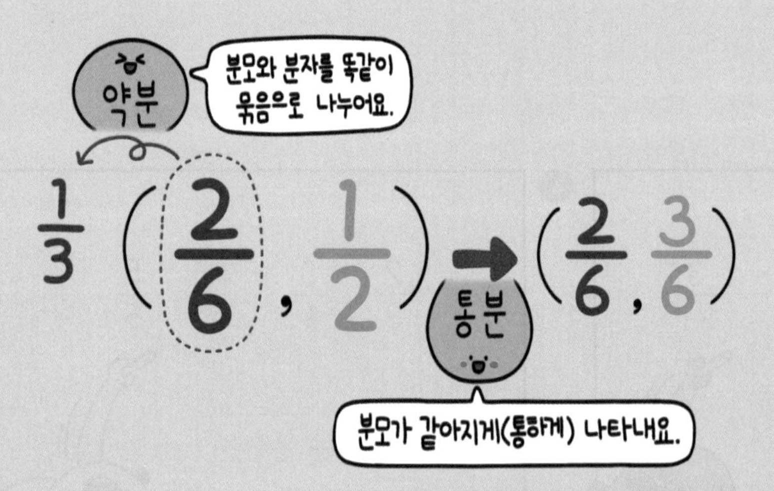

약수의 '약'이 '묶다'라는 뜻으로 어떤 수를 묶음으로 묶어 나눌 수 있는 수라는 것을 기억하나요? 약분의 '약' 또한 '묶다'라는 뜻으로 '나누다'는 뜻의 '분'과 함께 쓰여 분모와 분자를 똑같이 묶음으로 나누는 것을 말해요. 이때, 분모와 분자를 두 수의 공약수로 나누어 약분할 수 있어요.

통분의 '통'은 '통한다'는 뜻으로 분모가 같은 분수로 만든다는 것을 의미해요. 분모를 같게 만드는 방법은, 두 분모의 공배수를 분모로 하는 분수로 만드는 거예요.

바쁜 초등학생을 위한 빠른 약수와 배수

스마트폰으로도 정답을 확인할 수 있어요!

① 정답을 확인한 후 틀린 문제는 ☆표를 쳐 놓으세요~.

② 그런 다음 연습장에 틀린 문제를 옮겨 적으세요.

③ 그리고 그 문제들만 한 번 더 풀어 보세요.

시간은 얼마 걸리지 않아요. 그러나 이때 실력이 확 붙는 거예요.
아는 문제를 여러 번 다시 푸는 건 시간 낭비예요.
내가 틀린 문제만 모아서 풀면 아무리 바쁘더라도
수학 실력을 키울 수 있어요!

01단계 A 15쪽

① 4, 2, 1, 1, 1
➡ 1, 2, 4

② 5, 2, 1, 1, 2, 1, 1, 1
➡ 1, 5

③ 1, 2, 3, 6
➡ 1, 2, 3, 6

④ 1, 2, 5, 10
➡ 1, 2, 5, 10

⑤ 1, 3, 5, 15
➡ 1, 3, 5, 15

⑥ 1, 3, 7, 21
➡ 1, 3, 7, 21

01단계 B 16쪽

① 1, 8 / 2, 4 / 4, 2 / 8, 1
➡ 1, 2, 4, 8

② 1, 9 / 3, 3 / 9, 1
➡ 1, 3, 9

③ 1, 12 / 2, 6 / 3, 4 / 4, 3 / 6, 2 / 12, 1
➡ 1, 2, 3, 4, 6, 12

④ 1, 18 / 2, 9 / 3, 6 / 6, 3 / 9, 2 / 18, 1
➡ 1, 2, 3, 6, 9, 18

⑤ 1, 25 / 5, 5 / 25, 1
➡ 1, 5, 25

⑥ 1, 27 / 3, 9 / 9, 3 / 27, 1
➡ 1, 3, 9, 27

01단계 C 17쪽

① 1, 7 / 7, 1
➡ 1, 7

② 1, 13 / 13, 1
➡ 1, 13

③ 1, 14 / 2, 7 / 7, 2 / 14, 1
➡ 1, 2, 7, 14

④ 1, 16 / 2, 8 / 4, 4 / 8, 2 / 16, 1
➡ 1, 2, 4, 8, 16

⑤ 1, 20 / 2, 10 / 4, 5 / 5, 4 / 10, 2 / 20, 1
➡ 1, 2, 4, 5, 10, 20

⑥ 1, 24 / 2, 12 / 3, 8 / 4, 6 / 6, 4 / 8, 3 / 12, 2 / 24, 1
➡ 1, 2, 3, 4, 6, 8, 12, 24

01단계 D 18쪽

① 1, 2, 11, 22

② 1, 2, 13, 26

③ 1, 2, 4, 7, 14, 28

④ 1, 2, 4, 8, 16, 32

⑤ 1, 2, 3, 6, 7, 14, 21, 42

⑥ 1, 7, 49

⑦ 1, 2, 5, 10, 25, 50

⑧ 1, 5, 11, 55

⑨ 1, 2, 5, 7, 10, 14, 35, 70

⑩ 1, 7, 11, 77

⑪ 1, 2, 4, 5, 10, 20, 25, 50, 100

01단계 야호! 게임처럼 즐기는 연산 놀이터 19쪽

바구니에 쓰여진 수를 풍선에 쓰여진 수로 나누었을 때, 나누어떨어지면 풍선에 쓰여진 수는 바구니에 쓰여진 수의 약수입니다.

- 24÷5=4 … 4
- 28÷7=4
- 45÷9=5
- 39÷13=3
- 46÷16=2 … 14
- 72÷24=3
- 72÷9=8
- 50÷12=4 … 2

02단계 A 21쪽

① 9, 3 ➡ 1, 3, 9

② 10, 5 ➡ 1, 2, 5, 10

③ 15, 5 ➡ 1, 3, 5, 15

④ 28, 14, 7 ➡ 1, 2, 4, 7, 14, 28

⑤ 32, 16, 8 ➡ 1, 2, 4, 8, 16, 32

⑥ 30, 15, 10, 6 ➡ 1, 2, 3, 5, 6, 10, 15, 30

⑦ 42, 21, 14, 7 ➡ 1, 2, 3, 6, 7, 14, 21, 42

02단계 B 22쪽

① 1, 2, 3, 6

② 1, 2, 4, 8, 16

③ 1, 2, 3, 4, 6, 8, 12, 24

④ 1, 2, 3, 4, 6, 9, 12, 18, 36

⑤ 1, 3, 5, 9, 15, 45

⑥ 1, 2, 5, 10, 25, 50

02단계 C 23쪽

① 1, 2, 4, 5, 10, 20

② 1, 3, 9, 27

③ 1, 3, 13, 39

④ 1, 53

⑤ 1, 2, 3, 4, 5, 6, 10, 12, 15, 20, 30, 60

⑥ 1, 2, 4, 5, 8, 10, 16, 20, 40, 80

⑦ 1, 5, 23, 115

⑧ 1, 2, 5, 10, 13, 26, 65, 130

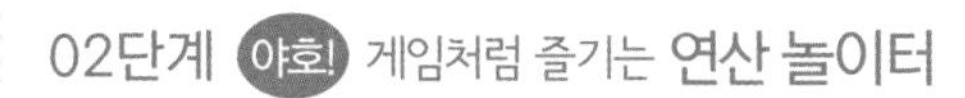

02단계 야호! 게임처럼 즐기는 연산 놀이터 24쪽

①

②

③

④

03단계 A 26쪽

① 1, 3 / 2개

② 1, 2, 4 / 3개

③ 1, 7 / 2개

④ 1, 2, 3, 4, 6, 12 / 6개

⑤ 1, 2, 3, 6, 9, 18 / 6개

⑥ 1, 2, 11, 22 / 4개

⑦ 1, 2, 4, 11, 22, 44 / 6개

⑧ 1, 2, 5, 10, 25, 50 / 6개

03단계 B 27쪽

(동그라미 표시된 수는 **굵게** 표시)

①	1	**2**	**3**	4	**5**	6	**7**	8	9	10
②	**11**	12	**13**	14	15	16	**17**	18	**19**	20
③	**5**	10	**11**	15	16	20	21	25	30	**31**
④	**2**	**17**	**23**	27	**29**	**31**	33	36	39	40
⑤	**41**	42	**43**	44	45	46	**47**	48	49	50

03단계  도전! 땅 짚고 헤엄치는 문장제 28쪽

① 4 ② 10

③ 정호 ④ 4

③ 다은 26의 약수: 1, 2, 13, 26 ➡ 4개
정호 12의 약수: 1, 2, 3, 4, 6, 12 ➡ 6개
진아 49의 약수: 1, 7, 49 ➡ 3개

④ 약수가 2개인 수는 1과 자기 자신만을 약수로 갖는 수로 11, 17, 23, 31입니다. ➡ 4개

04단계 A 30쪽

① 2, 4, 6, 8
➡ 2, 4, 6, 8

② 3, 6, 9, 12
➡ 3, 6, 9, 12

③ 5, 10, 15, 20
➡ 5, 10, 15, 20

④ 7, 14, 21, 28
➡ 7, 14, 21, 28

⑤ 8, 16, 24, 32
➡ 8, 16, 24, 32

⑥ 12, 24, 36, 48
➡ 12, 24, 36, 48

04단계  B 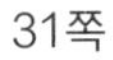 31쪽

① 0 6 10 12 18 20 30
➡ 6, 12, 18

② 0 9 10 18 20 27 30
➡ 9, 18, 27

③ 0 10 20 30
➡ 10, 20, 30

④ 0 10 11 20 22 30 33
➡ 11, 22, 33

04단계 C 32쪽

① 4, 8, 12, 16
② 13, 26, 39, 52
③ 17, 34, 51, 68
④ 18, 36, 54, 72
⑤ 19, 38, 57, 76
⑥ 21, 42, 63, 84
⑦ 22, 44, 66, 88
⑧ 30, 60, 90, 120
⑨ 33, 66, 99, 132
⑩ 35, 70, 105, 140

04단계 D 33쪽

① 14, 28, 42, 56
② 15, 30, 45, 60
③ 16, 32, 48, 64
④ 20, 40, 60, 80
⑤ 25, 50, 75, 100
⑥ 27, 54, 81, 108
⑦ 32, 64, 96, 128
⑧ 40, 80, 120, 160
⑨ 50, 100, 150, 200

04단계 도전! 땅 짚고 헤엄치는 문장제 34쪽

① (1) 3 (2) 주희 (3) 지후
② 7, 7

① (1) 3의 배수가 적힌 종이를 들고 있는 친구: 세아, 민재, 주희 ➡ 3명

05단계 A 36쪽

① (동그라미 친 수는 굵게 표시)

1	**2**	3	**4**	5
6	7	**8**	9	**10**
11	**12**	13	**14**	15
16	17	18	19	20

②

1	2	3	**4**	5
6	7	**8**	9	10
11	**12**	13	14	15
16	17	18	19	20

③

6	7	8	9	10
11	**12**	13	14	**15**
16	17	**18**	19	20
21	22	23	**24**	25

④

11	12	13	14	15
16	17	18	19	20
21	22	23	24	25
26	27	**28**	29	30

⑤

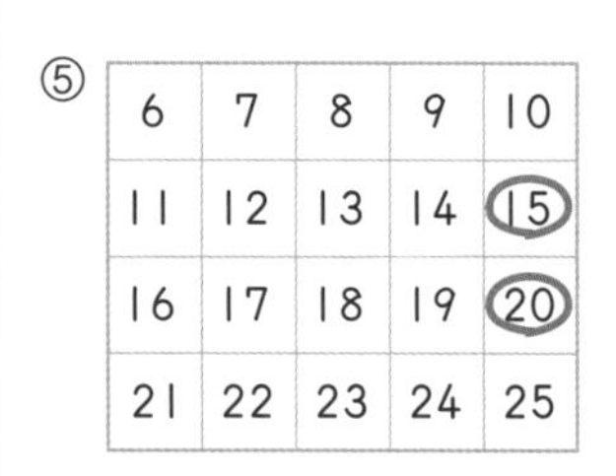

6	7	8	9	10
11	12	13	14	**15**
16	17	18	19	**20**
21	22	23	24	25

⑥

36	37	38	39	40
41	**42**	43	44	45
46	47	**48**	49	50
51	52	53	54	55

05단계 B 37쪽

①

1 **2** 3 **4** **8** 9 10

②

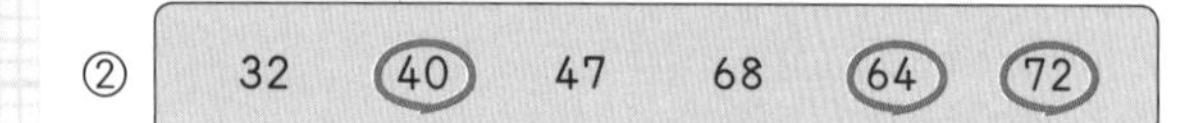

32 **40** 47 68 **64** **72**

③

6 **18** 21 28 30 **24**

④ 45 49 **55** **90** 96 95

⑤ 21 **24** 28 **30** 52 **63** 65 72

05단계 C 38쪽

① 3 ② 8 ③ 10

④ 4 ⑤ 4 ⑥ 2

⑦ 3 ⑧ 4

05단계 야호! 게임처럼 즐기는 연산 놀이터 39쪽

- 30보다 작은 4의 배수의 개수:
  $4\times7=28$, $4\times8=32$ ➡ 7개

06단계 A 41쪽

① 1, 2, 3, 6
/ 1, 2, 3, 6

② 1, 3, 5, 15
/ 1, 3, 5, 15

③ 1, 5, 7, 35
/ 1, 5, 7, 35

④ 12, 1, 2, 3, 4, 6, 12
/ 12, 1, 2, 3, 4, 6, 12

⑤ 45, 1, 3, 5, 9, 15, 45
/ 45, 1, 3, 5, 9, 15, 45

06단계 B 42쪽

① 21, 7
➡ 7, 21
/ 7, 21

② 1, 55, 5, 11
➡ 1, 5, 11, 55
/ 1, 5, 11, 55

③ 1, 44, 2, 22, 4, 11
➡ 1, 2, 4, 11, 22, 44
/ 1, 2, 4, 11, 22, 44

④ 1, 81, 3, 27, 9, 9
➡ 1, 3, 9, 27, 81
/ 1, 3, 9, 27, 81

06단계 C 43쪽

① ○
② ×
③ ×
④ ○
⑤ ○
⑥ ○
⑦ ×
⑧ ○
⑨ ○
⑩ ×

06단계 D 44쪽

①

②

③

④

⑤
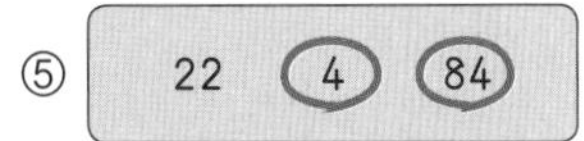

⑥

⑦

⑧

⑨
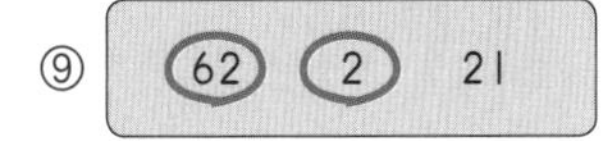

⑩ 81 107 27

06단계 야호! 게임처럼 즐기는 연산 놀이터 45쪽

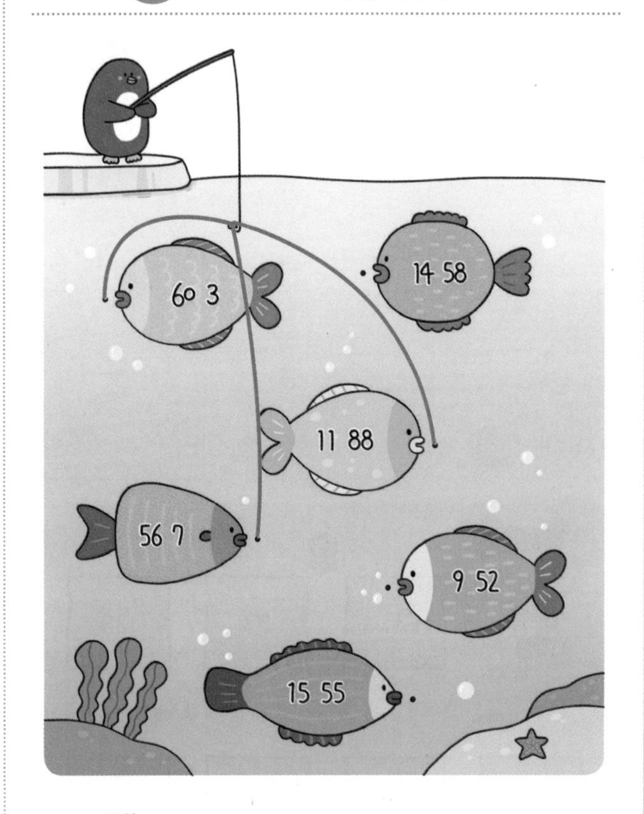

큰 수를 작은 수로 나누었을 때, 나누어떨어지면 두 수는 약수와 배수의 관계입니다.

07단계 A 47쪽

① 5에 ○표
② 2에 ○표
③ 2, 3에 ○표
④ 3, 9에 ○표
⑤ 3, 9에 ○표
⑥ 2, 5에 ○표
⑦ 3에 ○표
⑧ 5에 ○표
⑨ 2, 3에 ○표
⑩ 3에 ○표

07단계 B
48쪽

① 0, 2, 4, 6, 8 ② 0, 5
③ 2, 5, 8 ④ 4
⑤ 0, 2, 4, 6, 8 ⑥ 0, 3, 6, 9
⑦ 2

07단계 야호! 게임처럼 즐기는 연산 놀이터
49쪽

연산 놀이터 풀이

3의 배수는 각 자리 숫자의 합이 3의 배수인 수입니다.

- 33 → 3+3=6 / 33=3×11 ➡ 3의 배수
- 90 → 9 / 90=3×30 ➡ 3의 배수
- 102 → 1+2=3 / 102=3×34 ➡ 3의 배수
- 114 → 1+1+4=6 / 114=3×38 ➡ 3의 배수
- 162 → 1+6+2=9 / 162=3×54 ➡ 3의 배수

08단계 A
53쪽

① 1, 2, 3, 6
/ 1, 3, 5, 15
➡ 1, 3

② 1, 2, 4, 8
/ 1, 2, 7, 14
➡ 1, 2

③ 1, 2, 3, 4, 6, 12
/ 1, 2, 4, 8, 16
➡ 1, 2, 4

④ 1, 2, 5, 10
/ 1, 2, 4, 5, 10, 20
➡ 1, 2, 5, 10

⑤ 1, 2, 3, 6, 9, 18
/ 1, 2, 3, 4, 6, 8, 12, 24
➡ 1, 2, 3, 6

08단계 B
54쪽

① 1, 3 / 3 ② 1, 5 / 5
③ 1, 2, 4 / 4 ④ 1, 3, 5, 15 / 15
⑤ 1, 2, 3, 4, 6, 12 / 12

08단계 C
55쪽

① 1, 2, 4, 8 / 1, 2, 7, 14
➡ 1, 2 / 2

② 1, 2, 3, 4, 6, 9, 12, 18, 36
/ 1, 2, 3, 5, 6, 10, 15, 30
➡ 1, 2, 3, 6 / 6

③ 1, 2, 5, 10, 25, 50 / 1, 5, 25
➡ 1, 5, 25 / 25

④ 1, 7, 49 / 1, 5, 7, 35
➡ 1, 7 / 7

⑤ 1, 3, 9, 27 / 1, 2, 3, 6, 9, 18, 27, 54
➡ 1, 3, 9, 27 / 27

08단계 D 56쪽

① 1, 3 / 3
② 1, 2, 3, 6 / 6
③ 1, 3 / 3
④ 1, 5 / 5
⑤ 1, 2, 4 / 4
⑥ 1, 7 / 7
⑦ 1 / 1

08단계 야호! 게임처럼 즐기는 연산 놀이터 57쪽

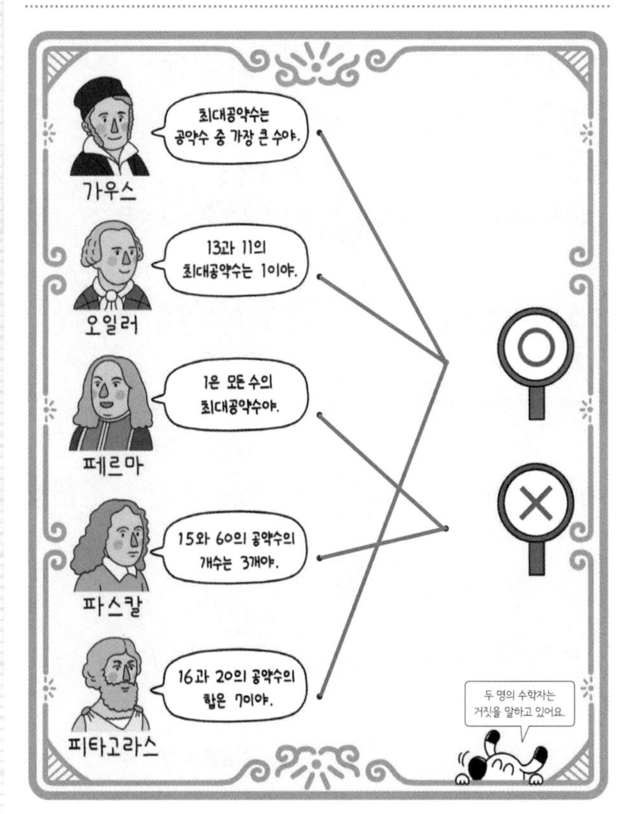

- 페르마: 1은 모든 수의 가장 작은 약수입니다.
- 파스칼: 15와 60의 공약수는 1, 3, 5, 15로 모두 4개입니다.

09단계 A 59쪽

① 3, 6, 9, 12, 15 / 6, 12
➡ 6, 12

② 4, 8, 12, 16, 20 / 8, 16
➡ 8, 16

③ 4, 8, 12, 16, 20, 24, 28 / 6, 12, 18, 24
➡ 12, 24

④ 6, 12, 18, 24 / 2, 4, 6, 8, 10, 12
➡ 6, 12

⑤ 3, 6, 9, 12, 15, 18, 21, 24, 27
/ 4, 8, 12, 16, 20, 24
➡ 12, 24

09단계 B 60쪽

① 9, 18 / 9
② 6, 12 / 6
③ 22, 44 / 22
④ 10, 20 / 10
⑤ 20, 40 / 20

09단계 C 61쪽

① 8, 16, 24, 32, 40, 48 ……
/ 6, 12, 18, 24, 30, 36, 42, 48 ……
➡ 24, 48 / 24

② 2, 4, 6, 8, 10, 12, 14, 16 ……
/ 8, 16 ……
➡ 8, 16 / 8

③ 3, 6, 9, 12, 15, 18, 21, 24, 27, 30 ……
/ 5, 10, 15, 20, 25, 30 ……
➡ 15, 30 / 15

④ 9, 18, 27, 36 ……
/ 6, 12, 18, 24, 30, 36 ……
➡ 18, 36 / 18

⑤ 10, 20, 30, 40, 50, 60 ……
/ 30, 60 ……
➡ 30, 60 / 30

09단계 D

62쪽

① 4, 8 / 4 ② 30, 60 / 30

③ 14, 28 / 14 ④ 10, 20 / 10

⑤ 24, 48 / 24 ⑥ 24, 48 / 24

⑦ 45, 90 / 45

09단계 도전! 땅 짚고 헤엄치는 문장제

63쪽

① 20, 40 ② 36 ③ 3개

④ 63 ⑤ 20

① 4의 배수:
4, 8, 12, 16, 20, 24, 28, 32, 36, 40 ……
5의 배수: 5, 10, 15, 20, 25, 30, 35, 40 ……
➡ 4와 5의 공배수: 20, 40 ……

② 12의 배수: 12, 24, 36, 48 ……
18의 배수: 18, 36 ……
➡ 12와 18의 공배수 중 가장 작은 수: 36

③ 40보다 작은 수 중에서
- 4의 배수: 4, 8, 12, 16, 20, 24, 28, 32, 36
- 6의 배수: 6, 12, 18, 24, 30, 36

➡ 4와 6의 공배수는 12, 24, 36으로 모두 3개 입니다.

④ 9로 나누어도, 7로 나누어도 나누어떨어지는 수는 9와 7의 공배수입니다.
➡ 9와 7의 공배수 중 가장 작은 수는 63입니다.

⑤ 4와 10의 공배수 중 가장 작은 수는 20입니다.

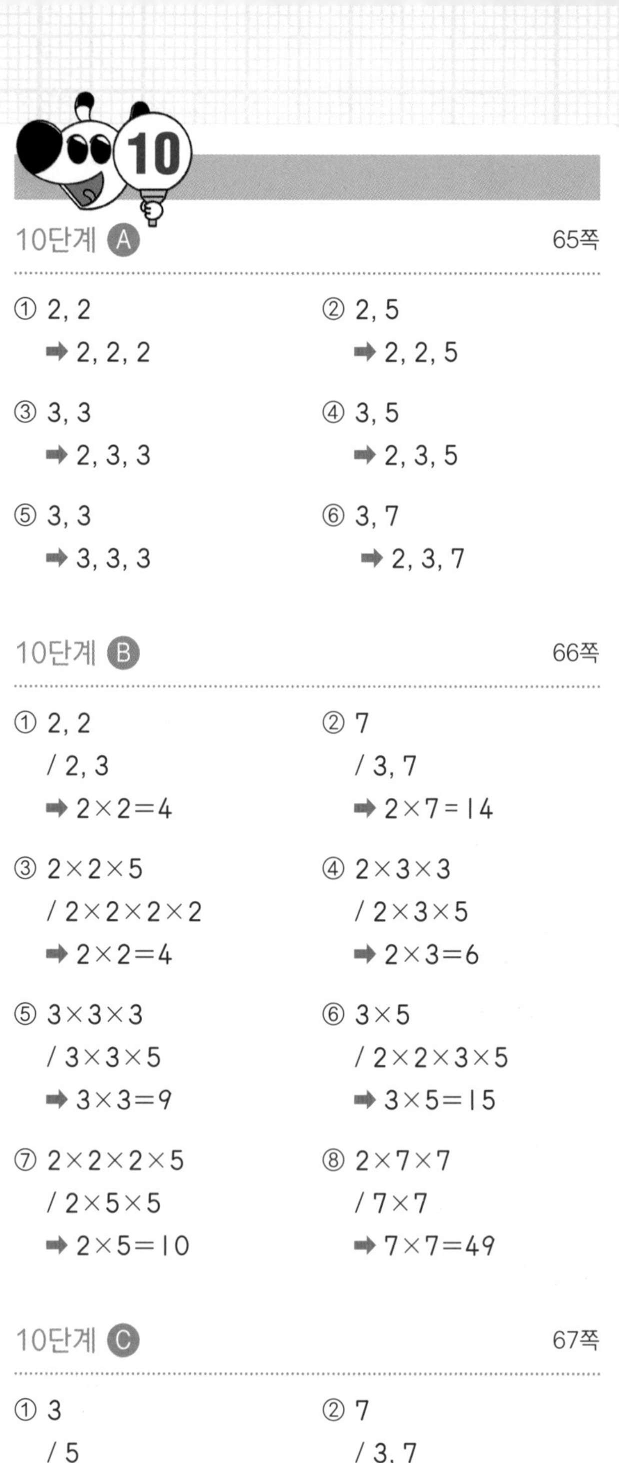

10

10단계 A

65쪽

① 2, 2
➡ 2, 2, 2

② 2, 5
➡ 2, 2, 5

③ 3, 3
➡ 2, 3, 3

④ 3, 5
➡ 2, 3, 5

⑤ 3, 3
➡ 3, 3, 3

⑥ 3, 7
➡ 2, 3, 7

10단계 B

66쪽

① 2, 2
/ 2, 3
➡ $2\times2=4$

② 7
/ 3, 7
➡ $2\times7=14$

③ $2\times2\times5$
/ $2\times2\times2\times2$
➡ $2\times2=4$

④ $2\times3\times3$
/ $2\times3\times5$
➡ $2\times3=6$

⑤ $3\times3\times3$
/ $3\times3\times5$
➡ $3\times3=9$

⑥ 3×5
/ $2\times2\times3\times5$
➡ $3\times5=15$

⑦ $2\times2\times2\times5$
/ $2\times5\times5$
➡ $2\times5=10$

⑧ $2\times7\times7$
/ 7×7
➡ $7\times7=49$

10단계 C

67쪽

① 3
/ 5
➡ $2\times3\times5=30$

② 7
/ 3, 7
➡ $2\times3\times7=42$

③ 3×5
/ $3\times5\times5$
➡ $3\times5\times5=75$

④ 3×3
/ $3\times3\times7$
➡ $3\times3\times7=63$

⑤ 2×11
/ 3×11
➡ $2\times3\times11=66$

⑥ $3\times3\times3$
/ $2\times3\times3$
➡ $2\times3\times3\times3=54$

⑦ $2\times3\times5$
/ $2\times5\times7$
➡ $2\times3\times5\times7=210$

⑧ $3\times3\times7$
/ $2\times3\times7$
➡ $2\times3\times3\times7=126$

10단계 D 68쪽

① 2×2 / 3×3 ➡ 1 / 36

② 2×2×2×3 / 2×2×2 ➡ 8 / 24

③ 2×2×3 / 2×2×3×5 ➡ 12 / 60

④ 2×3×3 / 2×3×5 ➡ 6 / 90

⑤ 3×5×5 / 5×5 ➡ 25 / 75

⑥ 2×2×5 / 3×3×5 ➡ 5 / 180

⑦ 3×3×7 / 3×3×3 ➡ 9 / 189

10단계 야호! 게임처럼 즐기는 연산 놀이터 69쪽

11

11단계 A 71쪽

① 3) 9 15 → 3 5 ➡ 3

② 2) 30 20 → 5) 15 10 → 3 2 ➡ 2×5=10

③ 3) 15 30 → 5) 5 10 → 1 2 ➡ 3×5=15

④ 2) 8 12 → 2) 4 6 → 2 3 ➡ 2×2×2×3=24

⑤ 2) 16 20 → 2) 8 10 → 4 5 ➡ 2×2×4×5=80

⑥ 2) 22 44 → 11) 11 22 → 1 2 ➡ 2×11×2=44

11단계 B 72쪽

① 3) 15 24 → 5 8 ➡ 3

② 2) 16 18 → 8 9 ➡ 2

③ 2) 20 42 → 10 21 ➡ 2

④ 3) 45 30 → 5) 15 10 → 3 2 ➡ 3×5=15

⑤ 2) 24 36 → 2) 12 18 → 3) 6 9 → 2 3 ➡ 2×2×3=12

⑥ 2) 40 50 → 5) 20 25 → 4 5 ➡ 2×5=10

⑦ 2) 64 72 → 2) 32 36 → 2) 16 18 → 8 9 ➡ 2×2×2=8

11단계 C
73쪽

① 7) 7 21
   1 3
➡ 7×3=21

② 5) 10 15
   2 3
➡ 5×2×3=30

③ 3) 9 39
   3 13
➡ 3×3×13=117

④ 2) 20 14
   10 7
➡ 2×10×7=140

⑤ 2) 18 24
3) 9 12
   3 4
➡ 2×3×3×4=72

⑥ 3) 42 21
7) 14 7
   2 1
➡ 3×7×2=42

⑦ 2) 20 36
2) 10 18
   5 9
➡ 2×2×5×9=180

11단계 D
74쪽

① 3) 9 63
3) 3 21
   1 7
➡ 9 / 63

② 3) 18 15
   6 5
➡ 3 / 90

③ 2) 14 42
7) 7 21
   1 3
➡ 14 / 42

④ 2) 8 32
2) 4 16
2) 2 8
   1 4
➡ 8 / 32

⑤ 7) 49 98
7) 7 14
   1 2
➡ 49 / 98

⑥ 2) 28 32
2) 14 16
   7 8
➡ 4 / 224

11단계 야호! 게임처럼 즐기는 연산 놀이터
75쪽

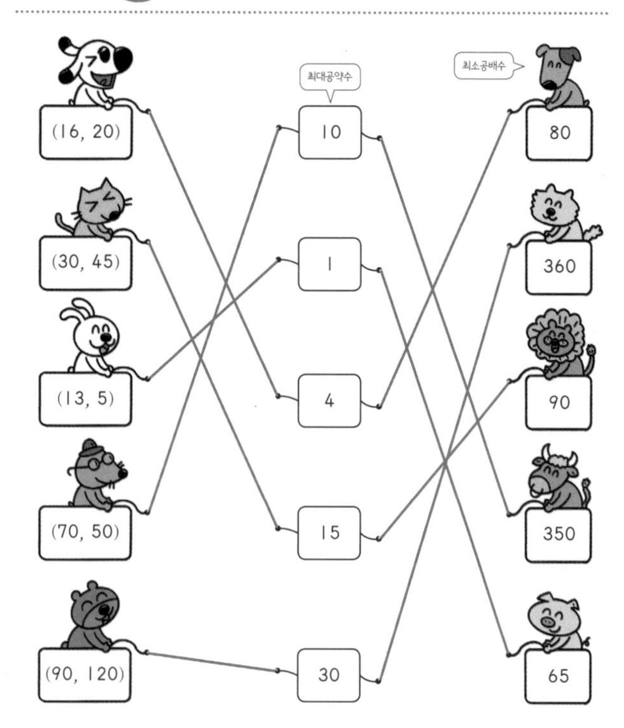

① 2) 16 20
2) 8 10
   4 5
➡ 최대공약수: 4
➡ 최소공배수: 80

② 3) 30 45
5) 10 15
   2 3
➡ 최대공약수: 15
➡ 최소공배수: 90

③ 13과 5의 공약수는 1뿐이므로 최대공약수는 1, 최소공배수는 13×5=65입니다.

④ 2) 70 50
5) 35 25
   7 5
➡ 최대공약수: 10
➡ 최소공배수: 350

⑤ 2) 90 120
3) 45 60
5) 15 20
   3 4
➡ 최대공약수: 30
➡ 최소공배수: 360

12단계 A

77쪽

① 1, 2, 3, 6 / 6 / 1, 2, 3, 6

② 1, 3, 9 / 9 / 1, 3, 9

③ 1, 3, 7, 21 / 21 / 1, 3, 7, 21

④ 1, 3, 5, 15 / 15 / 1, 3, 5, 15

⑤ 1, 2, 5, 10 / 10 / 1, 2, 5, 10

12단계 B

78쪽

		최대공약수	최대공약수의 약수	공약수
①	7) 7 28 / 1 4	7	1, 7	1, 7
②	3) 15 18 / 5 6	3	1, 3	1, 3
③	4) 20 28 / 5 7	4	1, 2, 4	1, 2, 4
④	4) 36 44 / 9 11	4	1, 2, 4	1, 2, 4
⑤	15) 60 105 / 4 7	15	1, 3, 5, 15	1, 3, 5, 15

12단계 도전! 땅 짚고 헤엄치는 문장제

79쪽

① 1, 2, 3, 6

② 1, 2, 4, 8

③ 4개

④ 1, 3, 5, 15

⑤ 1, 2, 4, 8, 16

① 공약수는 최대공약수의 약수와 같습니다.
12와 30의 공약수는 12와 30의 최대공약수 6의 약수인 1, 2, 3, 6입니다.

③ 최대공약수가 35이므로 공약수는 35의 약수인 1, 5, 7, 35입니다. ➡ 4개

13단계 A

81쪽

① 30, 60, 90 / 30 / 30, 60, 90

② 24, 48, 72 / 24 / 24, 48, 72

③ 14, 28, 42 / 14 / 14, 28, 42

④ 36, 72, 108 / 36 / 36, 72, 108

⑤ 70, 140, 210 / 70 / 70, 140, 210

13단계 B

82쪽

		최소공배수	최소공배수의 배수	공배수
①	5) 5 10 / 1 2	10	10, 20, 30	10, 20, 30
②	10) 20 30 / 2 3	60	60, 120, 180	60, 120, 180
③	2) 8 14 / 4 7	56	56, 112, 168	56, 112, 168
④	25) 50 25 / 2 1	50	50, 100, 150	50, 100, 150
⑤	8) 16 40 / 2 5	80	80, 160, 240	80, 160, 240

13단계 도전! 땅 짚고 헤엄치는 문장제

83쪽

① 60, 120, 180

② 24, 48, 72

③ 45, 90, 135

④ 105

⑤ 99

① 공배수는 최소공배수의 배수와 같습니다.
12와 15의 공배수는 두 수의 최소공배수 60의 배수인 60, 120, 180 ……입니다.

④ 3과 7의 공배수는 두 수의 최소공배수인 21의 배수입니다.
➡ $21 \times 4 = 84$, $21 \times 5 = 105$이므로 100에 가장 가까운 수는 105입니다.

14단계 A
85쪽

① 2) 48 84 / 2) 24 42 / 3) 12 21 / 4 7
➡ 12 cm

② 2) 24 30 / 3) 12 15 / 4 5
➡ 6 cm

③ 4 cm ④ 6 cm

14단계 B
86쪽

① 2) 24 30 / 3) 12 15 / 4 5
➡ 120 cm

② 3) 9 12 / 3 4
➡ 36 cm

③ 180 cm ④ 54 cm

14단계 C
87쪽

① 2명 ② 4명 ③ 6명

14단계 D
88쪽

① 1시 30분 ② 2시 ③ 3시

14단계 도전! 땅 짚고 헤엄치는 문장제
89쪽

① 9명 ② 6개, 7개

③ 56 cm ④ 1월 21일

① 최대한 많은 학생들에게 남김없이 똑같이 나누어 주는 문제는 최대공약수를 활용하는 문제입니다.
9) 27 36 / 3 4 ➡ 9명

② 7) 42 49 / 6 7
➡ 7 상자에 나누어 담을 수 있습니다. 한 상자에 사탕 6개씩, 초콜릿 7개씩 담아야 합니다.

③ 이어 붙여 더 큰 사각형을 만드는 문제는 최소공배수를 활용하는 문제입니다.
2) 8 14 / 4 7 ➡ $2 \times 4 \times 7 = 56$ (cm)

④ 다음번에 동시에 운동하는 날짜를 구하는 문제는 최소공배수를 활용하는 문제입니다.
2) 4 10 / 2 5 ➡ $2 \times 2 \times 5 = 20$(일 후)
➡ 두 사람이 동시에 운동하는 날: 1월 21일

15

15단계 A

93쪽

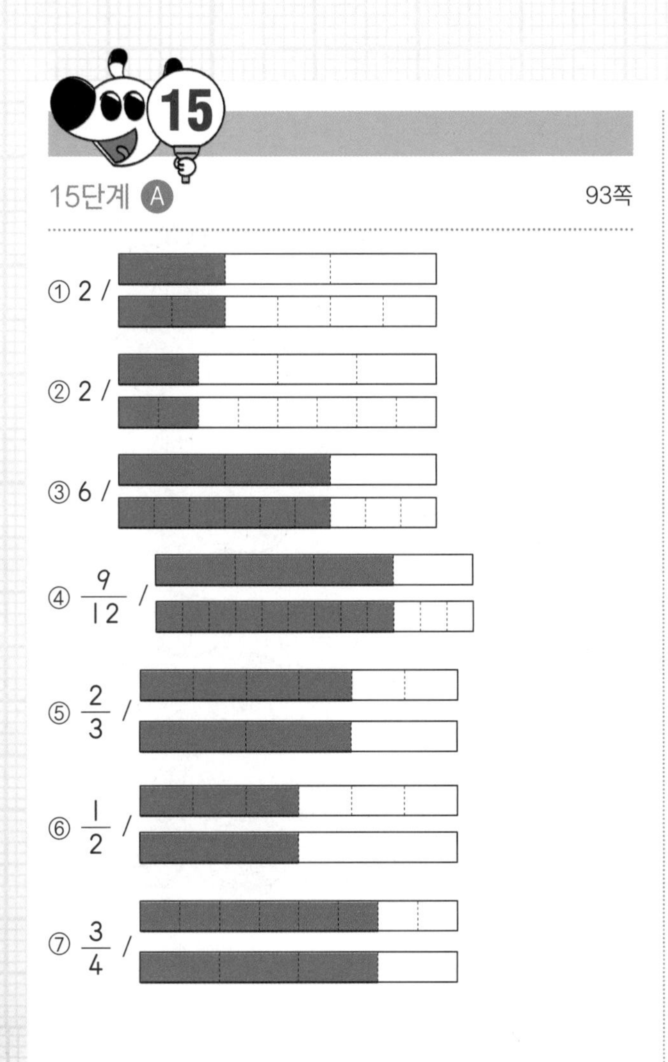

15단계 B

94쪽

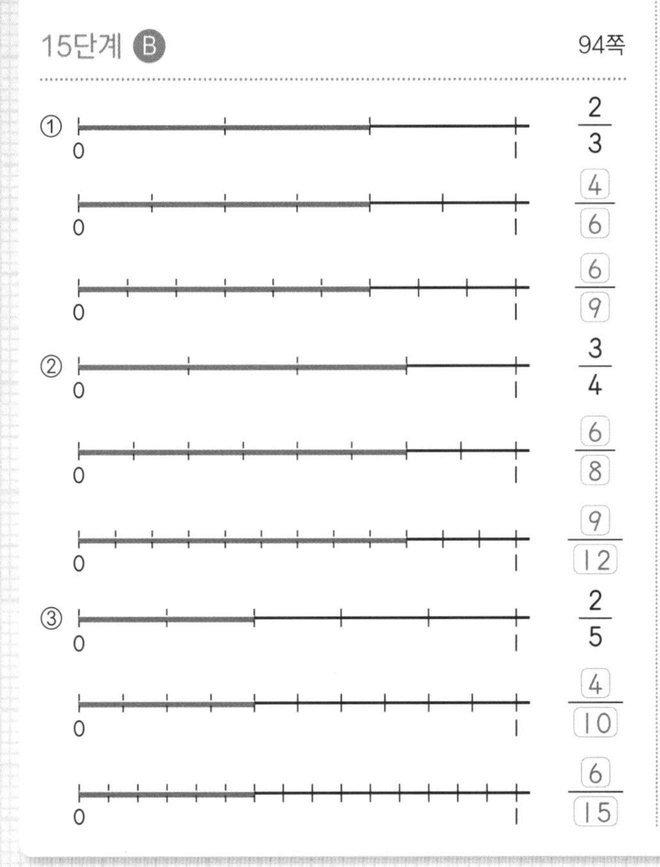

15단계 야호! 게임처럼 즐기는 연산 놀이터

95쪽

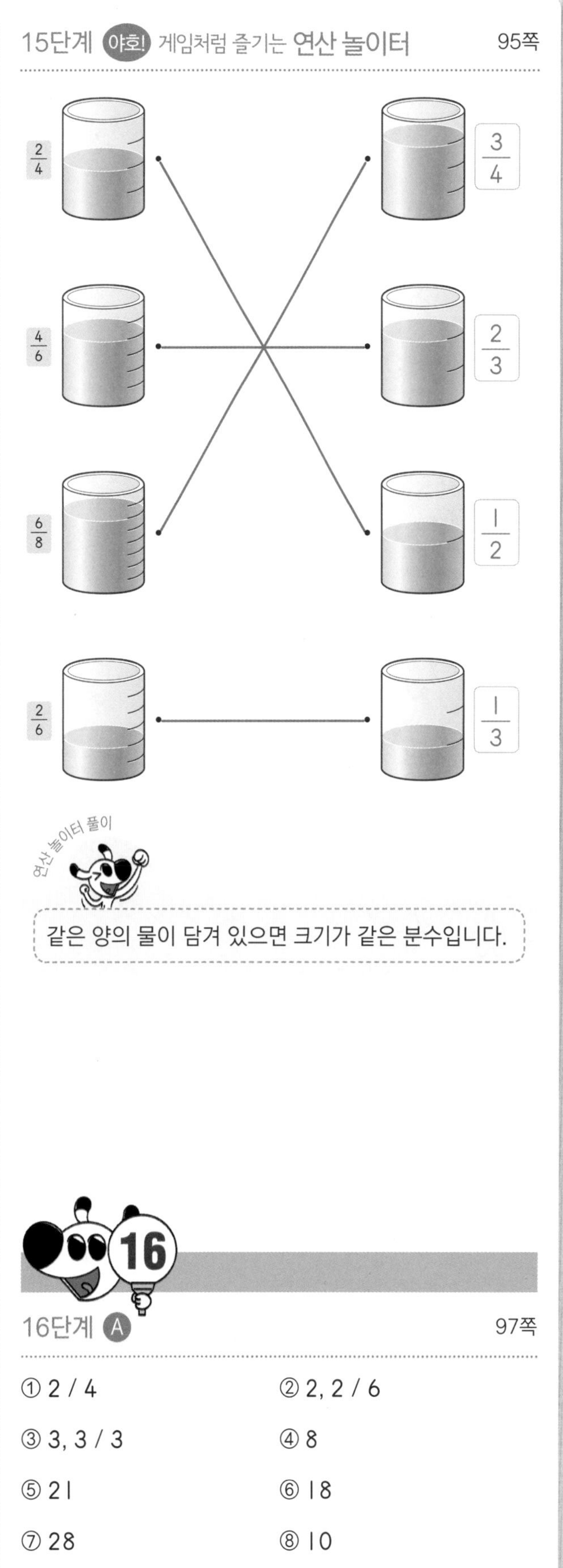

같은 양의 물이 담겨 있으면 크기가 같은 분수입니다.

16

16단계 A

97쪽

① 2 / 4	② 2, 2 / 6
③ 3, 3 / 3	④ 8
⑤ 21	⑥ 18
⑦ 28	⑧ 10
⑨ 15	

16단계 B

98쪽

① 3 / 3

② 5, 5 / 3

③ 4, 4 / 1

④ 2

⑤ 3

⑥ 2

⑦ 3

⑧ 3

⑨ 9

16단계 C

99쪽

① 2 / 3

② $\frac{2}{6}=\frac{3}{9}$

③ $\frac{6}{8}=\frac{9}{12}$

④ $\frac{4}{10}=\frac{6}{15}$

⑤ $\frac{10}{12}=\frac{15}{18}$

⑥ $\frac{2}{14}=\frac{3}{21}$

⑦ $\frac{6}{16}=\frac{9}{24}$

⑧ $\frac{10}{18}=\frac{15}{27}$

⑨ $\frac{6}{20}=\frac{9}{30}$

⑩ $\frac{4}{22}=\frac{6}{33}$

16단계 D

100쪽

① 2 / 1

② $\frac{4}{6}=\frac{2}{3}$

③ $\frac{3}{6}=\frac{2}{4}$

④ $\frac{3}{9}=\frac{2}{6}$

⑤ $\frac{10}{18}=\frac{5}{9}$

⑥ $\frac{10}{12}=\frac{5}{6}$

⑦ $\frac{5}{10}=\frac{2}{4}$

⑧ $\frac{12}{15}=\frac{8}{10}$

⑨ $\frac{10}{15}=\frac{6}{9}$

⑩ $\frac{16}{24}=\frac{8}{12}$

16단계 야호! 게임처럼 즐기는 연산 놀이터

101쪽

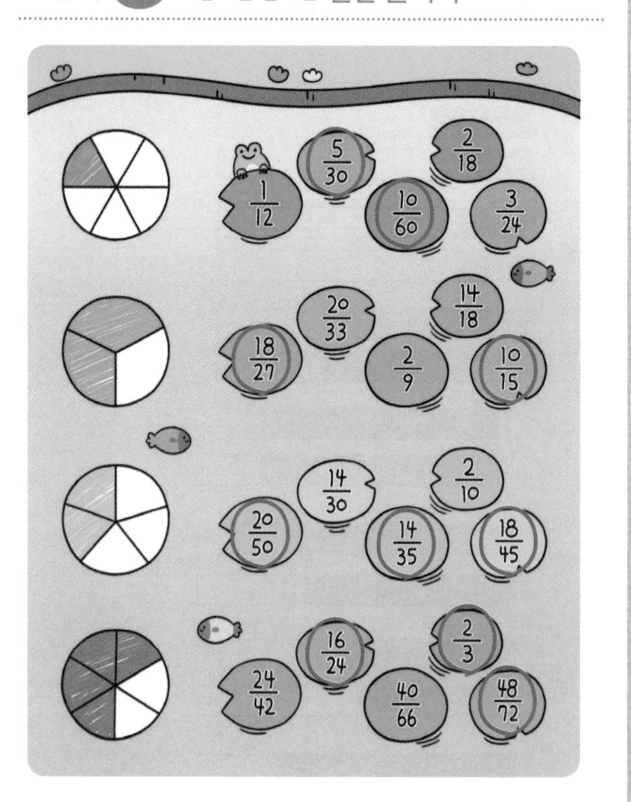

- 6칸 중 1칸 ➡ $\frac{1}{6}=\frac{5}{30}=\frac{10}{60}$
- 3칸 중 2칸 ➡ $\frac{2}{3}=\frac{10}{15}=\frac{18}{27}$
- 5칸 중 2칸 ➡ $\frac{2}{5}=\frac{14}{35}=\frac{18}{45}=\frac{20}{50}$
- 6칸 중 4칸 ➡ $\frac{4}{6}=\frac{2}{3}=\frac{16}{24}=\frac{48}{72}$

17단계 A 103쪽

① 2, 4, 8 / $\frac{8}{12}$, $\frac{4}{6}$, $\frac{2}{3}$

② 2, 4 / $\frac{6}{10}$, $\frac{3}{5}$

③ 3, 9 / $\frac{6}{15}$, $\frac{2}{5}$

④ 3, 9 / $\frac{3}{6}$, $\frac{1}{2}$

⑤ 2, 7, 14 / $\frac{7}{21}$, $\frac{2}{6}$, $\frac{1}{3}$

⑥ 3, 7, 21 / $\frac{7}{21}$, $\frac{3}{9}$, $\frac{1}{3}$

17단계 B 104쪽

① 3 / $\frac{3}{5}$

② 7 / $\frac{2}{7}$

③ 15 / $\frac{1}{3}$

④ 4 / $\frac{3}{7}$

⑤ 18 / $\frac{1}{3}$

⑥ 11 / $\frac{5}{6}$

17단계 C 105쪽

① $\frac{3}{4}$

② $\frac{4}{9}$

③ $\frac{5}{8}$

④ $\frac{3}{8}$

⑤ $\frac{5}{6}$

⑥ $\frac{2}{3}$

⑦ $\frac{1}{3}$

⑧ $\frac{16}{21}$

⑨ $\frac{8}{13}$

⑩ $\frac{1}{3}$

⑪ $\frac{5}{9}$

⑫ $\frac{6}{11}$

17단계 도전! 땅 짚고 헤엄치는 문장제 106쪽

① 2, 3, 6, 12

② $\frac{1}{10}$, $\frac{3}{10}$, $\frac{7}{10}$, $\frac{9}{10}$

③ 6

④ $\frac{9}{16}$

① $\frac{24}{36}$를 약분할 수 있는 수는 분모와 분자의 공약수로 36과 24의 공약수인 2, 3, 6, 12입니다.

② 기약분수는 분모와 분자의 공약수가 1뿐인 분수입니다.

③ 한 번만 약분하여 기약분수로 나타내기 위해서는 분모와 분자의 최대공약수로 약분해야 합니다.

④ 준희네 반 남학생은 전체의 $\frac{\cancel{18}^{9}}{\cancel{32}_{16}}=\frac{9}{16}$입니다.

18단계 A 108쪽

① 3, 4

② 4, 3

③ 5, 8

④ 16, 18

⑤ 7, 15

⑥ 8, 10

⑦ 8, 5

⑧ 10, 9

⑨ 28, 27

18단계 B　109쪽

① 3, 4 / 12, 12

② 2, 6 / 12, 12

③ 4, 4, 7, 7 / $\frac{12}{28}, \frac{7}{28}$

④ 4, 4, 3, 3 / $\frac{4}{12}, \frac{9}{12}$

⑤ 9, 9, 5, 5 / $\frac{18}{45}, \frac{20}{45}$

⑥ 11, 11, 2, 2 / $\frac{11}{22}, \frac{6}{22}$

18단계 C　110쪽

① 4, 3 / 36, 36

② 3, 2 / 30, 30

③ 4, 4, 1, 1 / $\frac{4}{8}, \frac{3}{8}$

④ 3, 3, 2, 2 / $\frac{3}{18}, \frac{4}{18}$

⑤ 5, 5, 4, 4 / $\frac{35}{40}, \frac{36}{40}$

⑥ 4, 4, 5, 5 / $\frac{12}{60}, \frac{25}{60}$

18단계 D　111쪽

① $\frac{2}{15}, \frac{9}{15}$　② $\frac{5}{8}, \frac{6}{8}$

③ $\frac{8}{36}, \frac{21}{36}$　④ $\frac{15}{18}, \frac{2}{18}$

⑤ $\frac{9}{24}, \frac{8}{24}$　⑥ $\frac{3}{15}, \frac{10}{15}$

⑦ $1\frac{9}{24}, 1\frac{4}{24}$　⑧ $1\frac{27}{36}, 2\frac{2}{36}$

⑨ $2\frac{5}{30}, 2\frac{2}{30}$　⑩ $1\frac{18}{40}, 1\frac{25}{40}$

18단계 도전! 땅 짚고 헤엄치는 문장제　112쪽

① $\frac{25}{45}, \frac{3}{45}$　② 220, 440

③ 28, 7　④ 35, 80

① 가장 작은 공통분모는 두 분모의 최소공배수입니다.

➡ $\frac{5\times5}{9\times5}=\frac{25}{45}, \frac{1\times3}{15\times3}=\frac{3}{45}$

② 공통분모가 될 수 있는 수는 두 분모의 공배수이므로 가장 작은 수는 최소공배수인 220입니다.

③ $\left(\frac{3}{7}, \frac{1}{4}\right)$ ➡ $\left(\frac{3\times4}{7\times4}, \frac{1\times7}{4\times7}\right)$ ➡ $\left(\frac{12}{28}, \frac{7}{28}\right)$

④ $\left(\frac{7}{16}, \frac{13}{20}\right)$ ➡ $\left(\frac{7\times5}{16\times5}, \frac{13\times4}{20\times4}\right)$

➡ $\left(\frac{35}{80}, \frac{52}{80}\right)$

19단계 A　114쪽

① 12, 5 / $>$　② $\frac{12}{21}, \frac{14}{21}$ / $<$

③ $\frac{20}{24}, \frac{9}{24}$ / $>$　④ $\frac{4}{36}, \frac{15}{36}$ / $<$

⑤ $\frac{14}{24}, \frac{15}{24}$ / $<$　⑥ $\frac{5}{35}, \frac{7}{35}$ / $<$

19단계 B　115쪽

① $<$　② $>$

③ $>$　④ $<$

⑤ $>$　⑥ $<$

⑦ $<$　⑧ $<$

⑨ $<$　⑩ $>$

19단계 C 116쪽

① >　② <

③ >　④ >

⑤ <　⑥ <

⑦ <　⑧ >

⑨ >　⑩ >

19단계 D 117쪽

① >　② >

③ >　④ >

⑤ <　⑥ >

⑦ <　⑧ <

⑨ <

19단계 야호! 게임처럼 즐기는 연산 놀이터 118쪽

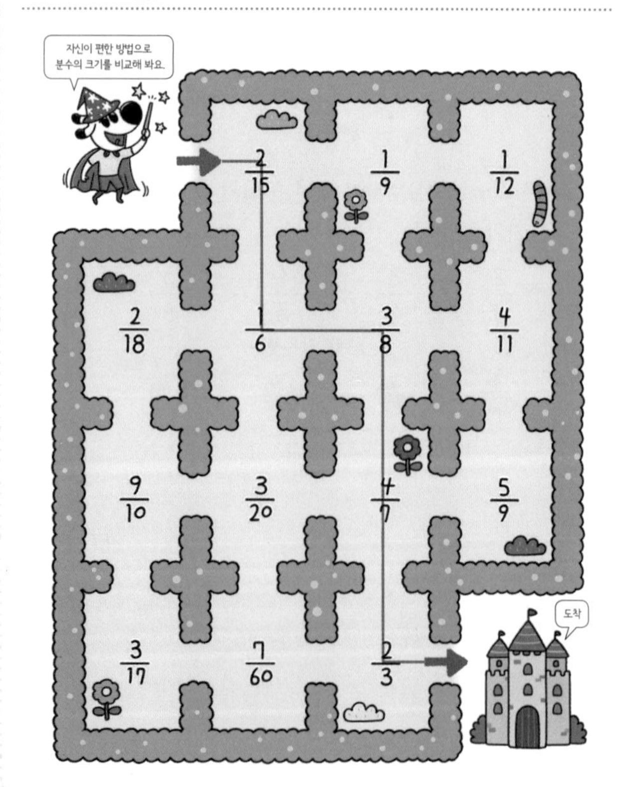

20단계 A 120쪽

① 63, 40 / >
16, 15 / >
42, 25 / >
➡ $\frac{5}{12}<\frac{4}{9}<\frac{7}{10}$

② 5, 6 / <
>
35, 24 / >
➡ $\frac{3}{7}<\frac{5}{8}<\frac{3}{4}$

③ 11, 12 / <
9, 4 / >
33, 16 / >
➡ $\frac{4}{15}<\frac{11}{20}<\frac{3}{5}$

20단계 B 121쪽

① $\frac{9}{28}, \frac{16}{28}, \frac{10}{28}$ ➡ $\frac{9}{28}<\frac{5}{14}<\frac{4}{7}$

② $\frac{27}{36}, \frac{15}{36}, \frac{14}{36}$ ➡ $\frac{7}{18}<\frac{5}{12}<\frac{3}{4}$

③ $\frac{15}{45}, \frac{35}{45}, \frac{24}{45}$ ➡ $\frac{1}{3}<\frac{8}{15}<\frac{7}{9}$

④ $\frac{35}{42}, \frac{24}{42}, \frac{30}{42}$ ➡ $\frac{4}{7}<\frac{15}{21}<\frac{5}{6}$

⑤ $\frac{15}{24}, \frac{14}{24}, \frac{17}{24}$ ➡ $\frac{7}{12}<\frac{5}{8}<\frac{17}{24}$

⑥ $\frac{30}{40}, \frac{28}{40}, \frac{25}{40}$ ➡ $\frac{5}{8}<\frac{7}{10}<\frac{3}{4}$

20단계 C 122쪽

① $\frac{5}{9}$에 ○표　② $\frac{11}{16}$에 ○표

③ $\frac{2}{3}$에 ○표　④ $\frac{2}{3}$에 ○표

⑤ $\frac{13}{18}$에 ○표　⑥ $\frac{6}{7}$에 ○표

⑦ $\frac{8}{9}$에 ○표　⑧ $\frac{5}{6}$에 ○표

⑨ $\frac{5}{6}$에 ○표　⑩ $\frac{13}{25}$에 ○표

①

②

③

④

① • 분자가 같은 두 분수끼리 비교하면

$\frac{4}{10} < \frac{4}{9}$, $\frac{5}{16} < \frac{5}{11}$

• $\frac{4}{9}$와 $\frac{5}{11}$를 통분하면

$\left(\frac{4}{9}, \frac{5}{11}\right) \Rightarrow \left(\frac{44}{99}, \frac{45}{99}\right) \Rightarrow \frac{4}{9} < \frac{5}{11}$

➡ 가장 큰 수는 $\frac{5}{11}$입니다.

② • 전체의 절반인 $\frac{1}{2}$과 비교하면 $\frac{1}{2}$과 $\frac{4}{8}$는 같고, $\frac{1}{2}$보다 $\frac{5}{7}$는 크고, $\frac{8}{21}$과 $\frac{5}{14}$는 작습니다.

• $\frac{8}{21}$과 $\frac{5}{14}$를 통분하면

$\left(\frac{8}{21}, \frac{5}{14}\right) \Rightarrow \left(\frac{16}{42}, \frac{15}{42}\right)$

$\Rightarrow \frac{8}{21} > \frac{5}{14}$

➡ 가장 작은 수는 $\frac{5}{14}$입니다.

③ 분자가 모두 같으므로 분모가 작을수록 분수의 크기가 큽니다.

$\Rightarrow \frac{3}{17} > \frac{3}{18} > \frac{3}{19} > \frac{3}{21}$

($\frac{3}{18}$: 둘째로 큰 분수)

④ (분모)−(분자)=1인 경우 분모가 클수록 분수의 크기가 큽니다.

$\Rightarrow \frac{2}{3} < \frac{3}{4} < \frac{4}{5} < \frac{5}{6}$

($\frac{3}{4}$: 둘째로 작은 분수)